黄酒

酿造生产技术

曹笑皇　韩聪颖　主编

化学工业出版社

·北京·

内容简介

本书详细阐述了黄酒酿造生产的原材料、微生物、酿造工艺、产品质量和生产管理等相关知识，以黄酒酿造原理、酿造工艺和管理方法为基础，突出黄酒生产技术，重点讲解黄酒生产管理。共包括八章：概述，黄酒酿造的原辅料及其前处理，酿造微生物与发酵剂，黄酒发酵剂的制备（制曲），黄酒的发酵及管理，酒糟的处理，黄酒的包装和贮存，经典黄酒生产工艺。

本书所涉及生产技术有详细的参数列表和工艺流程图，可供黄酒生产企业技术人员和相关院校师生阅读、参考，以指导实际生产操作。

图书在版编目（CIP）数据

黄酒酿造生产技术 / 曹笑皇，韩聪颖主编. —北京：化学工业出版社，2022.10

（酒类生产技术丛书）

ISBN 978-7-122-41969-9

Ⅰ. ①黄… Ⅱ. ①曹… ②韩… Ⅲ. ①黄酒-酿酒 Ⅳ. ①TS262.4

中国版本图书馆CIP数据核字（2022）第142023号

责任编辑：张　彦　　　　文字编辑：张熙然　陈小滔
责任校对：宋　玮　　　　装帧设计：韩　飞

出版发行：化学工业出版社（北京市东城区青年湖南街13号　邮政编码100011）
印　　装：河北鑫兆源印刷有限公司
710mm×1000mm　1/16　印张9½　字数147千字
2023年1月北京第1版第1次印刷

购书咨询：010-64518888　　　　售后服务：010-64518899
网　　址：http://www.cip.com.cn
凡购买本书，如有缺损质量问题，本社销售中心负责调换。

定　　价：58.00元

前言

PREFACE

黄酒是以大米等粮食酿造而成的一种含丰富营养物质的低度酒，拥有醇厚的口感。目前，国产黄酒以中低档市场为主，价格低廉，销售量非常大；随着新科学技术的引入，黄酒酿造工艺不断进步，黄酒市场正在变得更加具有挑战性，需要更多多元化、高品质的黄酒满足消费者的需求。根据现状，我们编写了本书，以帮助黄酒生产者提高产品质量、研发新品，以满足市场增长的需求。

本书总结了国内外黄酒生产技术理论与工艺，同时介绍了黄酒生产的历史文化、工艺原理和实践应用，涵盖了全部生产内容。主要包括黄酒的特点分类、原料特点及种类、原料的预处理、微生物种类及培养、发酵工艺原理、酒的煎制及调配、酒的包装贮藏、副产物的综合利用。本书包含了大量生产技术资料，列有详细的生产技术参数，生产人员可根据相应的技术参数指导生产；同时包含全面的技术理论，生产人员可以根据理论研制新品种，设计新工艺用于生产或者建厂。

本书由曹笑皇、韩聪颖主编，闫爽、金亚美、杨哪、莫丽凤和吕丹丹参编。另外，感谢崔雪培老师的细心指导和朱建飞老师的热情组织。由于作者水平有限，时间仓促，书中难免有不足之处，敬请同行专家和读者批评指正！

曹笑皇

2022年9月12日

CONTENTS

目录

第一章
概　述

第一节 黄酒的发展历史

我国酿酒历史悠久，相传夏禹时期的仪狄发明了酿酒，公元前 2 世纪史书《吕氏春秋》云：仪狄作酒。汉代刘向在《战国策》中进一步说明：昔者，帝女令仪狄作酒而美，进之禹，禹饮而甘之，遂疏仪狄，绝旨酒，曰：后世必有以酒亡其国者。另一种传说表明在黄帝时代，人们就已开始酿酒。汉代的《黄帝内经·素问》中记载了一段黄帝与岐伯讨论酿酒的对话，黄帝问曰：为五谷汤液及醪醴奈何？岐伯对曰：必以稻米，炊之稻薪，稻米者完，稻薪者坚。

酿酒的前提条件是酿酒原料和酿酒容器。考古发现，裴李岗文化时期（距今 7000～8000 年）、磁山文化时期（距今 7235～7355 年）和河姆渡文化时期（距今 6000～7000 年）都已具备了人工酿酒的条件，在这些文化遗址中出土了陶器和谷物遗存物，如河姆渡文化遗址中，出土了大量人工栽培的水稻的谷粒和秆叶，以及大量的可用于酿酒和饮酒的陶器。在大汶口文化遗址（距今 4000～6500 年）和龙山文化遗址（公元前 2500～公元前 2000 年）中，发掘到大量的酒器。在大汶口文化墓葬中，有发酵用的大陶尊，滤酒用的漏缸，贮酒用的陶瓮，用于煮熟物料的炊具陶鼎，以及 100 多件各种类型的饮酒器具；据考古人员分析，墓主生前可能是一名职业酿酒者。龙山文化遗址中有大量的黑陶酒器，其中蛋壳黑陶杯是一种高贵的酒器。由此可见，在这两个文化时期，人工酿酒已有了一定规模。鉴于酿酒史有一个发展的过程，因此酿酒起源应在大汶口文化和龙山文化时期之前。

在远古时代，人类可能先接触到某些天然发酵的酒，然后加以仿制。晋代的江统在《酒诰》中写道：酒之所兴，肇自上皇，或云仪狄，一曰杜康，有饭不尽，委馀空桑，郁积成味，久蓄气芳，本出于此，不由奇方。江统在我国历史上首次提出了谷物自然发酵酿酒学说，这一学说是符合科学知识及实际情况的。

中国是最早掌握酿酒技术的国家。用酒曲酿酒、双边发酵是中国黄酒的特色，区别于西方用发芽的谷物糖化自身淀粉然后加酵母菌发酵成酒的酿造方式。曲是我国古代劳动人民的伟大发明，于19世纪传入西方，奠定了酒精工业和酶制剂工业的基础，为现代发酵工业的发展做出了巨大的贡献。日本著名微生物学家坂口谨一郎认为：中国发明酒曲，利用霉菌酿酒，可与中国古代的四大发明相媲美。

关于酒曲的最早文字记载可能是周朝的《尚书·说命下》中记载商王武丁和傅说的对话：若作酒醴，尔惟曲蘖。中国先人从自发地利用微生物到人为地控制微生物，利用自然条件选优限劣而制造酒曲，经历了漫长的岁月。我国最原始的糖化发酵剂曲蘖可能是谷物发霉、发芽共存的混合物。在原始社会时，谷物因保藏不当，受潮后会发霉或发芽，发霉或发芽的谷物就可以发酵成酒，这些发霉或发芽的谷物就是最原始的酒曲和酿酒原料。著名的微生物学家方心芳认为：曲蘖的概念有个发展演变的过程，在上古时代，曲蘖只是指一种东西，就是发霉发芽的谷粒，即酒曲。随着生产力的发展，酿酒技术的进步，曲蘖分化为曲（发霉谷物）、蘖（发芽谷物），用蘖和曲酿制的酒分别称为醴和酒。“若作酒醴，尔惟曲蘖”，从文字对应关系来看，可以理解为曲酿酒，蘖作醴。醴盛行于夏、商、周三代，秦以后逐渐被用曲酿造的酒取代。殷墟卜辞中出现了蘖和醴这两个字，还有蘖粟、蘖黍、蘖来（麦）等的记载，说明用于发芽的谷物种类是较丰富的。《周礼·天宫》中有：浆人掌共王之六饮：水、浆、醴、凉、医、酏，表明醴是当时一种重要的饮料。后人对《周礼·天官》中的醴解释为：如今甜酒矣。从发酵原理来看，蘖仅起糖化作用，因而醴中乙醇含量很低而糖分较高，而用曲酿酒，则是边糖化边酒化的复式发酵，酒中的乙醇含量较高。因此，醴是一种用蘖经很短时间酿制成的带甜味、酒味较淡的饮料，说明蘖是当时酿酒的主要酒曲和原料。正如明代宋应星著《天工开物》所讲：古来曲造酒，糵造醴，后世厌醴味薄，遂至失传，则并糵法亦亡。

周代的酿酒技术有明显的提升。《左传·宣公》中记载了一段对话，叔展曰：有麦曲乎；曰：无，河鱼腹疾，奈何。这段对话说明当时已使用麦曲，麦曲还用来治病。麦曲的运用表明当时曲糵已开始分为两种明显不同的东西。《礼记·月令》中写道：（仲冬之月）乃命大酋，秫稻必齐，曲糵必时。湛炽必洁，水泉必香，陶器必良，火齐必得，兼用六物，大酋监之，毋有差贷。这讲的是酿制黄酒时必须掌握的六大要点，从现代知识来看，这六大要点仍具有指导意义。酿酒技术在这一时期还有一项创造，就是采用重复发酵的方法来提高酒的浓度。

人工制酒曲时，将谷粒粉碎或蒸熟，使其失去发芽能力，而仅能发霉成曲。这是我国制曲史上的重大创新。而由散曲发展到饼曲、块曲，是制曲技术的又一次飞跃，同时也使黄酒生产水平大为提高。散曲和块曲不仅仅体现在曲外观上的区别，更主要的是体现在酒曲糖化发酵性能上的差异。其根本原因在于形状的差异导致曲料中水分、温度（块曲内部温度和水分容易保持）和含氧量不同，从而导致酒曲中所繁殖的微生物的种类和数量上的差异，从而提高了曲的糖化发酵性能，这对于提高酒精浓度有很重要的作用。块曲究竟何时在我国制曲史上占据主导地位？从现有的资料推测，起码在西汉，人们常用的酒曲已经是块曲。西汉杨雄所著的《方言》中有 7 种文字是表示酒曲的，其中 4 种被后来东晋的郭璞注为饼曲（块曲的原始形式）。成书于东汉的《说文解字》中关于酒曲的注解有几种被解释为饼曲。东汉的《四民月令》中还记载了块曲的制法，这说明在东汉时期，成型的块曲已经非常普遍。汉代开始采用喂饭法，曹操向汉献帝推荐的九酝法，原料分九次投入，用曲量很少。从酒曲功能看，说明酒曲的质量提高了，这可能与当时普遍使用块曲有关。块曲中根霉菌和酵母菌的数量相对要多，这两类微生物可在发酵液中繁殖，因此曲的用量没有必要太多，只需逐级扩大培养就行了。

我国南方的小曲可能在晋代已出现，晋《南方草木状》卷上记载：草曲，南海多美酒，不用曲糵，但杵米粉，杂以众草叶，治葛汁滫溲之，大如卵，置蓬蒿中，荫蔽之，经月而成，用此合糯为酒。南方小曲用生料制成，并在稻米粉加中草药，以促进根霉菌和酵母菌的繁殖，从而提高酒曲的糖化力和酒化力，这一方法沿用至今。

北魏贾思勰的《齐民要术》成书于公元 533～544 年，它比较系统地总结了6世纪以前我国黄河中下游地区的农业生产和科学技术，对酿酒技术有较详细的记载。书中记载了9种制酒曲方法，其中8种为麦曲，1种为粟曲。在原料处理上，分为蒸麦、炒麦、生麦3种，有单用一种的，有两种合用的，有三种合用的。书中的笨曲（大曲）与现代绍兴黄酒的块曲相似，主要表现在：

① 酿酒用曲量为原料的15%左右；

② 小麦磨得较粗；

③ 用脚踏成一尺见方，厚二寸（合21.7cm×21.7cm×4.3cm）的块曲；

④ 培养时间21d。

不同之处是，《齐民要术》中的笨曲原料要先炒，而绍兴黄酒麦曲原料为生料。神曲（除河东神曲外）的用曲量仅为原料的2.5%～5%，原料由生麦、燕麦、炒麦组成，磨得很细，曲的外形较小且多用手捏成团（“以手团之”），这与南方的小曲较类似，推测曲中的微生物根霉菌和酵母菌占优势。此外，书中还介绍了黄衣、黄蒸及糵的制作方法，黄衣、黄蒸为熟料制成的散曲，微生物应为黄曲霉或米曲霉，用于制作酱油、豆豉和醋。《齐民要术》中共有酿酒40余例，有3例采用了酸浆法，说明当时已知道利用先酸化后酿酒的办法来抑制细菌防止酒的酸败了。用曲方法有两种，一种是浸曲法，另一种是曲末拌饭法；浸曲法的优点是酒曲粉碎后，浸泡在水中，曲中的酶溶入水中，酵母菌也可度过停滞期，并开始繁殖，投入米饭后，发酵可以尽快进行，这种用曲方法对于当时不用酒母的北方来说是必要的。

《北山酒经》是我国北宋的学术水平最高的酿酒专著。作者朱冀中是浙江吴兴人，该书取材于浙江杭州一带，该书的成书年代没有准确记载，应早于李保的《续北山酒经》（1117年）。《北山酒经》共分为三卷，上卷总结了历代酿酒理论；中卷论述制曲技术，介绍了罨曲、风曲、醵曲三大类十三种曲的制法。南宋为避金入侵迁都杭州，大批北人南迁，将北方的制曲酿酒技术带到南方。这时南方黄酒完全有条件融合南北两大酿酒技术的精华，形成精湛的工艺和优良的品质，而作为当时政治经济文化中心的杭州、绍兴一带，自然是近水楼台先得月。因此，绍兴黄酒工艺很可能在南宋时已基本成型，而在之后的几百年中只是不断改进和完善。这一点从绍兴黄酒的麦曲上也得到体现。清代的《调鼎集》对绍兴黄酒的酿造做了详细的阐述，《调鼎集》中绍兴黄酒所用的草包曲与《北山酒经》中的麦曲（类似于小曲）有本质上的差别，而与《齐民要术》中的笨曲类似，因此有理由推测绍兴黄酒的麦曲是在南宋时由北方传入而非南方自创。至于制曲原料的处理，草包曲采用生料，可能是保留了南方生料制曲的习惯，也可能是北曲在南传时也已采用生料制曲了。糯米原料、鉴湖水与精湛的工艺的结合，使绍兴黄酒的品质脱颖而出，成为中国黄酒的杰出代表。

第二节　黄酒的特点和分类

黄酒是以稻米、黍米等为主要原料，经加曲、酵母等糖化发酵酿制而成的发酵酒。黄酒的分类有如下几种。

一、按原料分类

（1）稻米黄酒　包括糯米酒、粳米酒、籼米酒、黑米酒等。

（2）非稻米酒　包括黍米酒、玉米酒、荞麦酒、青稞酒等。

二、按风格分类

（1）传统型黄酒　以稻米、黍米、玉米、小米、小麦等谷物为原料，经蒸煮、加曲、糖化、发酵、压榨、过滤、煎酒、贮存、勾兑而成的酿造酒。

（2）清爽型黄酒　以稻米、黍米、玉米、小米、小麦等谷物为原料，加入酒曲（或部分酶制剂和酵母）为糖化发酵剂，经蒸煮、糖化、发酵、压榨、过滤、煎酒、贮存、勾兑而成的口味清爽的黄酒。

（3）特种黄酒　由于原辅料和（或）工艺有所改变，具有特殊风味且不改变黄酒风格的酒，如状元红酒（添加枸杞子等）、帝聚堂酒（添加低聚糖）。

三、按含糖量分类

（1）干黄酒　总糖含量≤15.0g/L 的酒，如元红酒。

（2）半干黄酒　总糖含量在 15.1～40.0g/L 的酒，如加饭酒。

（3）半甜黄酒　总糖含量在40.1～100g/L的酒，如善酿酒。

（4）甜黄酒　总糖含量＞100g/L的酒，如香雪酒。

四、按工艺分类

（1）淋饭酒　淋饭酒因将蒸熟的米饭采用冷水淋冷的操作而得名。其特点是用酒药作为糖化发酵剂，米饭冷却后拌入酒药，搭窝培菌糖化，然后加水和麦曲进行糖化发酵。

（2）摊饭酒　摊饭酒将蒸熟的米饭摊在竹簟上冷却，现在基本上采用鼓风机吹冷到落缸温度，然后将饭、水、曲及酒母混合后直接进行糖化发酵。绍兴加饭酒、元红酒都为摊饭酒。

（3）喂饭酒　将酿酒原料分成几批，在发酵过程中分批加入新原料继续发酵。浙江嘉善黄酒和日本清酒都用喂饭法生产。

五、按糖化发酵剂分类

可分为麦曲黄酒、米曲黄酒（包括红曲、乌衣红曲、黄衣红曲等）、小曲黄酒等。

（1）麦曲黄酒　以小麦为原料，经过轧碎、加水成型、培养发酵而成，含有多种微生物。麦曲黄酒就是通过加入麦曲作为糖化发酵剂酿造而成，主要在浙江一带生产。

（2）红曲黄酒　以大米为原料，接种红曲菌制成，比较出名是福建的红曲酒。

（3）小曲黄酒　小曲是以米粉或者米糠为原料，添加少量中草药，接种曲母，人工控制温度培育而成。中药制曲是小曲黄酒的特色，主要分布在江苏、浙江、河南和广东。

第二章

黄酒酿造的原辅料及其前处理

第一节 大米

一、大米的结构

稻谷脱壳后成为糙米，糙米由谷皮、糊粉层、胚乳、胚四部分组成。

1. 谷皮

谷皮由果皮、种皮复合而成，谷皮的主要成分是纤维素、灰分，不含淀粉。果皮的内侧是种皮，种皮含有大量的有色体，决定着米的颜色。谷皮包围着整个米粒，起着保护作用。

2. 糊粉层

糊粉层种皮以内是糊粉层，它与胚乳紧密相连。它含有丰富的蛋白质、脂肪、灰分和维生素。糊粉层占整个米粒质量的4%～6%。谷皮和糊粉层统称为米糠层。米糠含有20%～21%的脂肪，可用来榨油，其脂肪、蛋白质含量过多，有害于酒的风味，所以要选用精白度高的米为原料。此外，糯米糊粉层的脂肪含量比粳米多，贮存时间长了，因脂肪变质而产生难闻的陈米气味或哈喇味，因此一般不用陈糯米酿酒。

3. 胚乳

胚乳位于糊粉层内侧，是米粒的主要组成部分，质量占整个谷粒质量的70%左右，贮藏的物质绝大部分是淀粉。胚乳淀粉是酿酒利用的主要成分，由于淀粉分子较大，相对密度也大，米粒饱满、相对密度大的大米淀粉含量也高。

4. 胚

胚位于米粒的下侧，占整个谷粒质量的2%～3.5%，是米粒生理活性最强的部分，含有丰富的脂肪、蛋白质、糖类及维生素等营养价值很高的成分，对酿酒不利，应在米精白时除去。

二、大米的物理性质

1. 表观

大米有光泽，无不良气味，外观、色泽、气味正常，特殊品种如黑糯、血糯、香粳有鲜艳的色泽和浓郁的香气。一般新米色泽较好；陈米色泽较差；大米的成熟度不够，米粒中残留叶绿素而使米粒发青。在不适当的收割或贮存条件下，米粒会发黄变褐，一种可能是由美拉德反应引起的，另一种是由微生物引起的，往往带有黄曲霉毒素。黄变米香味和口味都发生不良变化，通过精碾可除掉80%～90%的黄曲霉毒素。

2. 大小

粒形、千粒重、相对密度和容重，一般大米粒约长5mm、宽3mm、厚2mm，粳米长宽比小于2，籼米长宽比大于2。短圆的粒形精白时出米率高，破碎率低。大米的千粒重一般为20～30g，超过26g的为大粒米，相对密度为1.40～1.42，一般粳米的容重约为800kg/m^3，籼米的容重约为780kg/m^3。一般情况下，大米粒大且饱满，则相对密度较大，淀粉含量也较高，适于酿酒。

3. 颜色

垩白是指米粒胚乳中乳白色不透明的部分。垩白的成因与品种和栽培环境有关，大粒型易出现垩白。由于米粒腹部处于养分运输通道的末端，当米粒体积过大或养分运输量不足时，该部位胚乳细胞内淀粉积累不充分，淀粉粒排列疏松，颗粒间充气引起光线折射而显乳白色。乳白色不透明部分位于米粒中心的称为心白，位于腹部边缘的称为腹白。由于心白米的心白部分是淀粉粒排列较疏松的柔软部分，它的周围是淀粉排列紧密的坚硬部分，软硬连接处孔隙较多，吸水好，酶易渗入，容易糊化、糖化，因此酿酒要选用心白多的大粒米。腹白米强度低，精白时易碎，出米率也低。

4. 硬度

米粒硬度可用硬度计测定。含蛋白质多、透明度大的硬度高，通常粳米比籼米硬度大。晚稻比早稻大，水分低的比水分高的大。酿酒上的软质米和硬质米，与粮食加工上定义不一样，酿酒上称的软质米是指浸渍吸水快，容易蒸煮糊化，所蒸米饭外硬内软有弹性。

三、大米的物质成分

1. 水分

大米的水分含量一般为14%左右，水分过高则贮藏性差。

2. 淀粉

淀粉及糖分，糙米含淀粉约70%，白米约77%，随着米的精白，其淀粉含量增加。酿酒应选择淀粉含量高的米，除淀粉外，大米中还含糖分0.37%～0.53%。

3. 蛋白质

蛋白质在米的外侧，随米的精白而减少，但其减少程度较慢，糙米中蛋白质含量为7%～9%，白米中含量为5%～7%，主要为谷蛋白。蛋白质经蛋白酶分解成肽和氨基酸，酒中含氮物质高时，酒显得浓醇。氨基酸都具有独特的滋味（如鲜、甜、涩、苦），部分氨基酸发酵时生成高级醇，成为黄酒的主要香味和风味物质之一，但高级醇含量过高给酒带来异杂味。蛋白质含量过高，有损酒的风味和稳定性，因此大米的精白度高些较好。

4. 脂肪

脂肪是酿酒的有害物质，大部分集中在胚和糠层中，糙米中约含2%，随着大米精白度的提高而迅速减少。

5. 其他

纤维素、灰分、维生素，精白的大米仅含纤维素0.4%，灰分0.5%～0.9%，主要为磷酸盐的矿物质。大米的精白度越高则灰分越少，故可从灰分的含量间接反映大米精白的程度。维生素主要分布于糊粉层和胚，以水溶性的B族维生素B_1、B_2为最多，也含少量的维生素A。为保证黄酒的质量和产量，应选用软质、大粒、心白多、淀粉含量高的米作原料，并尽可能用新米。

四、大米分类

1. 糯米

糯米是最好的酿酒原料，其原因为：糯米的淀粉含量一般比粳米和籼米稍高，而蛋白质等其他成分较少，因此用糯米酿成的酒杂味少；糯米中的淀粉几乎全部是支链淀粉，支链淀粉分子排列比较疏松，吸水快，容易蒸煮糊化；淀粉酶往往不易完全切断支链淀粉的分支点，在酒中残留的糊精和低聚糖较多，因此糯米酒的口味较甜厚。糯米分为粳糯和籼糯两大类，米粒短、椭圆形的粳糯酿酒性能最好。粳糯的淀粉几乎全部是支链淀粉，籼糯含有0.2%～4.6%的直链淀粉，直链淀粉结构紧密，蒸煮糊化较困难，蒸煮时吸水多，能耗大，出饭率高。需要注意的是，糯米中不得混有杂米，否则浸米吸水、蒸煮糊化不均匀，饭粒返生老化，影响酒质，降低出酒率。

2. 粳米

粳米含13%～18%的直链淀粉。用粳米酿造黄酒，蒸煮时要喷淋热水，使米粒充分吸水，糊化彻底。粳米酿酒泡沫多，且发酵醪常成糨糊状，影响出酒率，造成醪液输送和压榨较困难。可以通过适当添加酸性蛋白酶和α-淀粉酶来解决。添加酸性蛋白酶不但能解决多泡问题，而且能提高氨基酸态氮含量。由于α-淀粉酶大多不耐酸，在pH5.0以下失活严重，因此需要缩短浸米时间，并使用酵母活性强的高温糖化酒母发酵及增加酒母用量来防止酸败。

3. 籼米

籼米含20%～28%的直链淀粉，粒形瘦长，淀粉充实度低，质地疏松，透明度低，精白时易碎。杂交晚籼可以用来酿制黄酒，早、中籼米蒸煮时吸水多，饭粒干燥蓬松，冷却后变硬，回生老化。老化淀粉在发酵时难以糖化，而成为产酸菌的营养源，使醪液生酸。籼米饭粒中淀粉发糊状态比粳米更严重，故出酒率较低、出糟较多。直链淀粉的含量高低直接影响米饭蒸煮的难易程度，应尽量选用直链淀粉比例低、支链淀粉比例高的米来生产黄酒。

第二节 玉米

玉米是我国北方的主要粮食作物之一，与大米、小麦并列为世界三大粮食作物。玉米又名玉蜀黍、苞米、珍珠米、苞谷等，种类很多，分为普通玉米、甜玉米、硬玉米、软玉米、黏玉米等。玉米粒的组织情况依品种的不同而有差异，颗粒结构包括果皮、种皮、糊胶粒层、内胚乳、胚体或胚芽、实尖等 6 个基本部分。玉米的化学成分因品种、气候、土壤的不同而相差较大。一般玉米与大米成分对比见表 2-1。

表 2-1　玉米与大米成分对比　　单位：%

类别	淀粉及糖	蛋白质	脂肪	粗纤维	灰分	水分
玉米	65～70	9～12	4～6	1.5～3	1.5～1.7	12～14
大米	77.6	6.7	0.8	0.26	0.64	14.0

由表 2-1 可见，玉米除淀粉含量稍低于大米外，蛋白质与脂肪含量都超过大米，特别是脂肪含量丰富。玉米的脂肪多集中于胚芽中，它将给糖化、发酵和酒的风味带来不利的影响，因此，玉米必须脱胚成玉米渣后才能酿造黄酒。脱胚后的脂肪含量因玉米品种不同，差异较大，如黑玉 46 品种的脱胚玉米，脂肪含量仅剩 0.4%，而一般品种的脱胚玉米，脂肪含量约为 2.0%。如果用脱胚不尽的玉米酿制黄酒，会使发酵醪表面漂浮一层油，给酿造工艺控制和成品质量带来不利影响。玉米淀粉结构致密坚硬，呈玻璃质的组织状态，糊化温度高，胶稠度硬，较难蒸煮糊化，因此要十分重视对颗粒的粉碎度、浸泡时间和温度的选择，重视对蒸煮时间、温度和压力的选择；防止因没有达到蒸煮糊化的要求而老化回生，或因水分过高、饭粒过烂而不利于发酵，导致糖化发酵不良和酒精含量低、酸度高的结果。

第三节　小麦

小麦是黄酒生产的辅料，用来制备麦曲。小麦是良好的制曲原料，含有丰富的糖类、蛋白质、适量的无机盐和生长素，小麦片疏松适度，很适宜微生物的生长繁殖；小麦成分复杂，制曲时在较高的温度作用下，能产生各种香气成分，对酒的赋香作用强；小麦富含面筋，黏着力较强，能制成各种规范大小的形状；小麦的皮层还含有丰富的 β-淀粉酶。

小麦的千粒重为15～28g，相对密度为1.33～1.45，容重为660～800kg/m^3。小麦蛋白质含量比大米高，主要有醇溶蛋白、谷蛋白、球蛋白和清蛋白，其中醇溶蛋白和谷蛋白分别占蛋白质总量的40%～50%和35%～45%。醇溶蛋白为单体蛋白，呈球形，分为α、β、γ、ω四种类型，α-醇溶蛋白、β-醇溶蛋白、γ-醇溶蛋白的分子质量范围为31～33ku，因含硫氨基酸较多，称为富硫醇溶蛋白。ω-醇溶蛋白的分子质量为44～74ku，因缺少半胱氨酸和蛋氨酸，称为贫硫醇溶蛋白。谷蛋白是一种非均质的大分子聚合体，靠分子内和分子间的二硫键连接，呈纤维状，其氨基酸组成多为极性氨基酸，容易发生聚集作用。小麦中的蛋白质、多酚类物质、戊聚糖等会严重影响黄酒的非生物稳定性。

小麦质量的好坏会影响到糖化菌繁殖及酒质，在生产上很重视小麦品质的优劣，一般要求如下：

① 麦粒完整、颗粒饱满、粒状均匀，无霉烂、无虫蛀、无农药污染；

② 干燥适宜，外皮薄、呈淡红色、两端不带褐色的小麦为好；

③ 选用当年产的小麦，不可带有特殊气味。

小麦的品质除与品种有关外，还与栽培环境有关。同一品种，北方小麦蛋白质含量一般比南方小麦要高。目前对于黄酒制曲用小麦的研究还十分欠缺，需要对不同品种和不同产地小麦的硬度指数、淀粉含量、蛋白质含量及其组成、成品麦曲的品质、成品黄酒的风味与非生物稳定性等指标进行综合评价，确定适用于黄酒制曲的小麦品种和产地，并建立相应的小麦品质评价指标。

第四节 水

黄酒酿造把水称为“酒之魂”，可见水对黄酒酿造的重要性，水不但是酒的最主要成分之一，而且对酿造全过程产生很大的影响。水是物料和酶的溶剂，生化酶促反应都在水中进行；水中的微量无机成分既是微生物生长繁殖所必需的养分和刺激剂，同时又是调节氢离子浓度的重要缓冲剂。所以水质的好坏直接影响到酒的质量，许多名酒的产地往往和水的质量有关，所谓“名酒必有佳泉”，绍兴黄酒驰名中外，和鉴湖水是分不开的。

一、水的要求

酿造用水直接参与糖化、发酵等酶促反应，并成为黄酒成品的重要组成部分，故首先要符合饮用水的标准，其次要从黄酒生产的特殊要求出发，达到以下要求。

① 无色、无味、无臭、清亮透明、无异常。

② pH 中性附近，理想值为 6.8～7.2，极限值为 6.5～7.8。

③ 硬度 2～7°d(1°d＝0.35663mmol/L）为宜。适量的 Ca^{2+} 、Mg^{2+}，能提高酶的稳定性，加快生化反应速度，促进蛋白质变性沉淀，但含量过高有损酒的风味。水的硬度太高，使原辅材料中的有机物质和有害物质溶出量增多，黄酒出现苦涩感觉，还会导致水的 pH 偏向碱性而改变微生物发酵的代谢途径。

④铁含量＜0.5mg/L，含铁太高会影响黄酒的色、香、味和加速氧化混浊。水中铁含量＞1mg/L 时，酒会有令人不愉快的铁腥味，酒色变暗，口味粗糙。日本清酒酿造认为酿造用水铁含量越少越好，要求 0.02mg/L 以下，啤酒酿造用水一般认为应低于 0.3mg/L。

⑤锰＜0.1mg/L，水中微量的锰有利于酵母的生长繁殖，但过量却使酒味粗糙带涩，并影响酒体的稳定。

⑥重金属离子，总的来讲，重金属离子是酵母的毒物，会使酶失活，并引起黄酒混浊。

⑦有机物含量，有机物是水被污染的标志，常用高锰酸钾消耗量表示，应小于 5mg/L。

⑧氨态氮、硝酸根态氮和亚硝酸根态氮（以氮计）。氨态氮主要是由有机物被水中微生物分解而生成，氨态氮存在多，表示该水不久前受过严重污染，要求不检出；NO_3^- 大多是由动物性物质污染分解而来，其含量要求 0.2mg/L 以下；NO_2 是致癌物质，能引起酵母功能损害，要求不检出。

⑨硅酸盐（以 SiO_3^{2-} 计）＜50mg/L，水中硅酸盐含量过高时，易形成胶团，影响发酵和过滤，并使口味粗糙，容易产生混浊。

⑩水的微生物要求，生酸性菌群和大肠菌群不检出，尤其要防止病菌和病毒的侵入，保证水质卫生安全。

二、水的处理

酿造用水处理的目的是：去除水中的悬浮物及胶体等杂质；去除水中

的有机物，以消除异臭、异味；将水的硬度降低至适合黄酒酿造的范围内；去除微生物，使水中微生物指标符合饮用水卫生标准；根据需要，去除水中的铁、锰化合物。根据水质状况，酿造用水的处理一般分为三个步骤：去除悬浮物质，去除溶解物质，去除微生物。但是水的来源及其水质的具体情况不同，所需采取的具体措施也不完全一样。

1. 沉淀池澄清

通过降低水的流速，使水中的悬浮物质缓慢沉降下来。流量相同时，沉淀池越大，澄清效果越好。在沉淀池中，悬浮物质分离率可达到60%～70%。如果水质不是很理想的话，需要添加絮凝剂，絮凝剂的作用是中和水中胶体表面的电荷，破坏胶体的稳定性，使胶体颗粒发生凝聚并包裹悬浮颗粒而沉降，通过凝聚和静置的组合，使水中由微粒形成的悬浮物得以去除，从而使水澄清。经过沉淀池的澄清，悬浮物质还不能全部除去，因此接下来要对水进行过滤。

2. 石英砂过滤

过滤时水穿过一层大小均匀且灼烧过的纯石英砂，悬浮物质被石英砂的孔洞截留住。

3. 活性炭过滤

目的是去除水中的有机物、余氯和色素，也可作为离子交换的前处理工序。当水质较差、出现一般性的异臭或异味时，用活性炭过滤也是有效的。

4. 烧结管微孔过滤

以微细颗粒的硅藻土、聚乙烯等为主要材料，成形为管状，高温焙烧使其表面形成0.5～10μm的微孔。用此作过滤介质，水从管外壁经微孔进入管内，可以滤除水中大部分微细杂质和细菌；微孔烧结管使用一段时间后需要进行清洗。硅藻土烧结管通常又称砂棒、砂芯，聚乙烯微孔烧结管是新产品。烧结管应由无毒、无味、化学性能稳定并允许用于食品的材料制成。

三、水的软化

当水的硬度超标时，酿造用水就必须进行软化。当水中的铁、锰含量高时，往往使水产生金属味，并引起黄酒沉淀，所以酿造用水也需要考虑去除铁离子和锰离子。水的软化常用沉淀法和脱盐法。

1. 沉淀法

沉淀法也称药剂法，即在水中加入适当的药剂，使溶解在水里的钙、镁盐转化为几乎不溶于水的物质，生成沉淀并从水中析出，从而降低水的硬度，达到软化水的目的。对于碳酸盐硬度较高的水，可以用饱和石灰水，去除水中的碳酸氢钙和碳酸氢镁。

2. 离子交换法

离子交换法是用离子交换树脂中所带的离子与水中溶解的一些带相同电荷的离子之间发生交换作用，以除去水中部分不需要的离子。通过再生，离子交换剂可以反复使用。离子交换树脂的选用原则：尽量选择容量大的树脂；使用弱酸性阳离子交换树脂可以除去碳酸盐硬度，使用强酸性阳离子交换树脂可以除去钙、镁、钠等离子，使用弱碱性阴离子交换树脂可以除去部分阴离子，降低非碳酸盐硬度，使用强碱性阴离子交换树脂可以除去硝酸盐。

3. 电渗析法

主要用于处理水中高盐浓度和高总硬度的情况。水中的无机离子在外加电场的作用下，利用阴离子或阳离子交换膜选择性透过水中离子，使水中的一部分离子穿过离子交换膜而迁移到另一部分水中，从而达到除盐和降低总硬度的作用，这种方法对水的消耗量比较大。良好的离子交换膜应具备：离子选择透过性高，实际应用的离子交换膜的选择性透过率一般在80%～95%，导电性好，化学稳定性好，能耐酸、碱，抗氧化，抗氮，平整性、均匀性好，无针孔，具有一定的柔韧性和足够的机械强度，渗水性低等。

4. 反渗透法

反渗透是一项在不断发展的技术，一般用于饮用水、生产用水和纯水生产。当向水体施加大于渗透压的压力时，水分子就会向与正常渗透现象相反的方向移动。反渗透膜孔径较超滤膜小，不仅能截留高分子物质，还能截留无机盐、糖、氨基酸等低分子物质，因此透过反渗透膜的水几乎就是纯水。但水中的离子也不是去除越彻底越好，酿造用水中应该有一定的离子浓度。

四、水的灭菌

1. 无菌过滤

通过膜过滤达到除菌的目的。此方法是新型的灭菌方法，对产品的质量影响小，缺点是菌类和营养成分不易分离。

2. 紫外线灭菌

紫外线照射可杀死微生物，此方法既卫生又可靠，但也存在以下缺点：设备损耗大，处理能力低；水层必须很薄，混浊和色泽会影响灭菌效果。此外，细菌数量多时，照射量也必须随之提高。

3. 臭氧灭菌

对空气中的氧进行放电处理可获得臭氧，臭氧的氧化作用会破坏细菌的细胞膜，从而达到杀菌的目的。

4. 通氯气灭菌

往水中通入氯气产生次氯酸，具有较高的氧化力，通过氧化作用破坏微生物的细胞膜，并杀死微生物，但是加氯杀菌后的水有明显的气味。

第五节 大米原料的处理

新工艺一般采用振动筛对大米进行除糠、除杂前处理。1997 年前的新工艺立体布局浸米罐均设置在车间的最上层。采用真空输送将低处的大米输送到顶层进行浸渍，虽然此方法从 20 世纪 80 年代开始一直被采用，并且符合物料的流向，但顶层的浸米罐负荷较大，工程造价较高。于 1997 年投产的浙江古越龙山绍兴酒股份有限公司年产 2 万吨黄酒的机械化车间，采用了湿米输送装置，把浸米罐放在底层，以减轻建筑物的承重负荷。由于糯米经 4～5d 浸渍后，米粒变得极为疏松，稍加外力即碎，难以输送，该车间以平板橡胶输送带将湿米送至斗式提升机，再由斗式提升机输送至蒸饭机入米口。提升机的米斗采用 0.8～1kg 的小斗，不但较好地解决了湿米输送易碎的问题，而且使进入蒸饭机入米口的米层十分疏松，因而蒸汽极易透过米层，从而提高熟度。多年的生产实践表明，该装置工艺上符合要求，效果比较理想。近年来，有的厂采用进口鲜活产品输送泵将浸好的米连同米浆水一起从底层送入位于高层的网带沥米机，沥米机兼作带式输送机用，将沥干的米送入蒸饭机。其优点是米和米浆水（需补充部分从沥米机出来的米浆水）一起自动流出浸米罐，无需人工耙米。

一、大米的精白

1. 精白的目的

在米的外层，蛋白质和脂肪含量多，会影响到成品酒的质量，通过精白除去。另外，米的外层富含灰分和维生素等微生物的营养成分，使用糙米或粗白米酿酒时，发酵旺盛，温度容易升高，往往引起生酸菌的繁殖而使酒的酸度增加。通过精白可以将这些有害成分除去，此外，精白后的米吸水快，容易蒸煮糊化和糖化。大米的精白度越高，化学成分越接近胚乳，糖类的含量随精白度的提高而增加，而其他成分相对减少。

2. 精米率

精米率表示精白的程度，可用下式计算：

$$精米率=\frac{白米(kg)}{糙米(kg)}\times 100\%$$

米的精白度越高，精米率就越低，酿造黄酒的糯米精米率一般为88%～92%。日本清酒酿造认为，米越白越能酿出好酒，清酒酿造对大米精白度要求依酒的品种和档次而异，如纯米酒的精米率小于70%，吟酿酒小于60%，大吟酿酒则50%以下。黄酒的酿造工艺和品质特征与日本清酒有明显不同，从生产实践看，依据现有工艺和质量标准，并非米的精白度越高越好。

3. 精白方法

精白是把米的皮层剥去，剥皮有三种方法：摩擦去除、削去、冲击除去。为了得到精白度高的大米，因米粒的内部组织比外皮部硬，必须利用削去的方法。日本清酒生产用精米机就是利用削去的方法，对硬米、脆米都可以精白，并可以得到任意的白米粒形状。我国目前没有这种酿酒用精米机，如能在精米机上有所突破，以提高大米精白度，有利于开发口感清爽的黄酒新产品。

二、浸米

绍兴黄酒历来十分重视浸米的质量。传统工艺酿造黄酒由于浸米时间在冬季，在露天工厂的条件下进行，浸米时间一般在16～18d，但这种浸米方式需要大量的浸米场地和容器。新工艺为了保持传统工艺浸米的目的，避免其缺点，采用保温浸渍，克服了传统工艺冬天靠自然温度需长时间浸米的缺点，缩短了酸浆形成的时间，在室温20～25℃、水温20～23℃的保温条件下，浸米4～5d，基本上能达到传统浸米要求，使大规模连续生产成为现实。在浸米时，应先调节好水温再浸米，千万不能边浸米边调水温，以免米粒被蒸汽煮熟，同时，在浸米12h后，应用压缩空气将大米疏松一下，让其吸水均匀。

三、蒸饭、冷却与落罐

饭的要求与传统工艺一样以米饭颗粒分明、外硬内软、内无白心、疏松不糊、熟而不烂、均匀一致为宜。蒸饭设备一般均采用卧式蒸饭机，卧式蒸饭机有喷水装置，对各种原料的适用性较好，饭的质量容易控制。在实际生产中，需根据不同原料、浸渍后的米质状况灵活调节蒸饭机的8个汽室进汽量大小，若米质松软，则适当减少进汽量，反之增加。饭蒸熟后，需进行冷却，新工艺的米饭冷却在蒸饭机中完成，有水冷和风冷两种。水冷却法的优点是快而方便，但会造成米饭中可溶性物质的流失；采用风冷法冷却可以减少不必要的损耗，同时可最大限度保留米饭的酸度。应注意的是风冷后的饭易变硬，在落罐前要充分搅碎，避免产生饭块，与曲、水、酒母混合要均匀一致。落罐温度应根据气温高低灵活调节掌握，一般落罐温度控制在24～28℃。

第六节 黍米原料的处理

一、洗米

把干黍米95kg倒入缸内，加入清水。在洗米时，先用木锹将缸内的米搅动起来，捞出水面上的浮杂物，用两把笊篱循环地把米捞到另一缸内，捞米时以水沥至滴点为佳。

二、烫米

由于黍米的外壳较厚，颗粒较小，单纯靠浸渍，不易使黍米充分吸水，会给糊化造成困难。因此，必须将黍米浸烫，通过烫米，使黍米外壳软化裂开吸水，颗粒松散，以利糊化产糜。烫米，就是将洗好的米，根据季节不同适当加入底浆（即清澈的凉水），再倒入沸水，立即用木锨搅动起来。此时缸内温度在60℃左右，待10min，再将缸内的米用木锨搅动一次。散凉烫米时，如直接凉水浸泡会造成米粒“大开花”的现象，以致淀粉损失。为此，应有一个搅动散凉的过程，即让烫米水温降到40℃左右，再加水浸渍。

三、浸渍

按不同季节掌握浸渍时间、温度以及换水次数，浸至手捏能碎为度。然后用清水冲洗，沥干待煮。

四、煮糜

煮熟的黍米醪俗称“糜”，故这一操作称为煮糜。在大铁锅内先倾入清水，其数量为每千克干原料加2kg水，煮水至沸腾，备用。然后将洗后的米渐次投入，并不断翻拌；现在一般用搅拌机（电动铲）进行翻拌；先用猛火煮至呈黏性，再盖上锅盖，改用文火慢煮，每隔15～20min搅拌一次；煮糜历时共1.5～2h。对糜的质量要求是：没有糊米，米质变色不变焦，无锅渣，无烟味，不稠，锅底的疙渣无煳米；煮糜不仅使淀粉糊化，还使大黄米变色，产生独特的焦香味。

第三章
黄酒酿造微生物与发酵剂

第一节 黄酒酿造中的微生物

一、霉菌

1. 曲霉

黄酒生产用的麦曲中存在较多的黄曲霉，其菌落生长较快，最初带黄色，后变为黄绿色，老熟后呈褐绿色。培养最适温度为37℃，产生的液化型淀粉酶（α-淀粉酶）活力较黑曲霉强，蛋白酶活力次于米曲霉。黄曲霉中的某些菌系能产生黄曲霉毒素，特别在花生或花生饼粕上易于形成，是一种毒性很强的致癌物质。为了防止污染，酿酒所用的黄曲霉均经过检测，未发现有产毒菌株。目前用于制造纯种麦曲的黄曲霉菌，有中国科学院分离的3800号和苏州东吴酒厂的苏-16。

中国科学院黑曲霉变异株AS3.4309（即UV-11），是目前应用于制曲和糖化酶生产的优良菌株。菌丝初为白色，后呈咖啡色或黑褐色，分生孢子为黑色，具有各种活性强大的酶系，耐酸、耐热，糖化能力较黄曲霉高，又能分解脂肪、果胶和单宁。

黑曲霉和黄曲霉有各自的特性和作用。黑曲霉以糖化型淀粉酶为主，酶作用于淀粉生成的葡萄糖，能直接供酵母菌利用。糖化酶能耐酸，糖化活力持续性长，因而出酒率较高，但酒的质量不如用黄曲霉的酒好。黄曲霉以液化型淀粉酶为主，生成物主要是糊精、麦芽糖和葡萄糖，液化酶不耐酸，在发酵中有前劲没有后劲，出酒率较低，但酒的质量好。所以黄酒生产以黄曲霉曲为主，也有些酒厂为提高糖化力，使用少量黑曲霉曲。米曲霉归属黄曲霉群，菌丝一般为黄绿色，后变为黄褐色，培养最适温度为37℃，含有多种酶类，糖化酶和蛋白酶活力都较强，是酱油曲中的主要菌种。黄酒生产中，部分工厂也有用米曲霉制曲的，在自然麦曲中也存在较多的米曲霉。

2. 根霉

根霉在生长时，由营养菌丝体产生匍匐枝，匍匐枝的末端生有假根，在有假根处长出成群的孢子囊梗，顶端孢子囊产生许多孢子。根霉的用途很广，其淀粉酶活力很强，能产生乳酸、反丁烯二酸、琥珀酸及微量酒精，还能产生芳香的酯类物质。已知的根霉有多种，由土壤及五谷分离出来的根霉菌的糖化力远不及酒药中分离出的活力强。根霉的适宜生长温度是30～37℃，41℃也能生长。由方心芳先生分离的中国科学院编号的5株根霉，以及贵州省轻工业科学研究所分离的Q303根霉，均为优良菌种，已在全国推广。

3. 毛霉

毛霉的形态与根霉很相似，但毛霉无假根和匍匐枝。毛霉的用途很广，常出现在酒药和麦曲中，能糖化淀粉并能生成少量乙醇，产生蛋白酶，有分解大豆的能力，我国多用来做豆腐乳、豆豉，有些毛霉还能产生乳酸、琥珀酸及甘油等。

4. 红曲

红曲霉菌落初期为白色，老熟后变为淡粉色、紫红色或灰黑色等，通常都能形成红色色素。红曲霉生长温度为26～42℃，最适温度32～35℃，最适pH值为3.5～5.0，能耐pH2.5，耐10%乙醇，能利用多种糖类和酸类为碳源，能同化硝酸钠、硝酸铵、硫酸铵，以有机氮源为氮源。红曲霉能产生淀粉酶、麦芽糖酶、蛋白酶、柠檬酸、琥珀酸、乙醇及麦角甾醇类，能产生鲜艳的红曲霉红素和红曲霉黄素。红曲霉用途很多，培制的红曲可用于酿酒、制醋，并可作食品染色剂和调味剂，还可制成中药。

二、细菌

细菌是自然界中分布最广、数量最多的一类微生物。黄酒酿造中，由于开放式的发酵形式，必定有各种细菌参与霉菌和酵母菌的发酵活动。如果发酵条件控制不当或发酵设备、用具灭菌消毒不严，就会造成产酸细菌大量繁殖，导致黄酒产生不同程度的酸败。细菌的种类很多，与黄酒生产有关的细菌主要有以下几种。

1. 醋酸菌

醋酸菌种类很多，细胞呈杆状，常呈链锁状，是酿制黄酒的有害细菌。醋酸菌是一种好氧性菌，在培养液表面生成白色的菌膜，最适生长温度为34～40℃，最适生酸温度为28～33℃，最适pH为3.5～6，耐酒精含量8%以下，最高产酸量达7%～10%（以醋酸计）。所以黄酒发酵的开耙温度过高，醋酸菌就易侵入繁殖。

2. 乳酸菌

乳酸球菌的细胞呈卵球形，略向链的方向延长，大多成对或成短链，能发酵多种糖类，在浸米过程及黄酒醪发酵初期，能够大量繁殖产乳酸。浆水的酸度主要是乳酸球菌代谢产酸造成的。在酒精生产和黄酒酿造中添加乳酸，可抑制杂菌繁殖生酸，有利于发酵的正常进行和酒的风味的形成。乳酸球菌耐酒精，含18%酒精也能生存，并继续生酸。乳酸杆菌对酵母菌有明显的拮抗作用，产生抗菌物质，促使酵母菌凝聚变性；醪液中酸度升高，抑制酵母菌的正常代谢，从而引起酵母菌死亡。因此在黄酒生产中要尽量防止这类细菌的大量污染，否则会造成黄酒酸败。

3. 枯草芽孢杆菌

枯草芽孢杆菌是产生芽孢的需氧杆菌，存在于土壤、枯草、空气及水中。由于它的芽孢能抗高温，所以散布极广。在制曲中，如果曲料水分含量高，就容易受到枯草芽孢杆菌的侵入并迅速繁殖，造成曲子发黏而酸败，对酿酒发酵危害很大。该菌生长最适温度为30～37℃，但在50～56℃时尚能生长，最适pH为6.7～7.2，芽孢能抗高温，一般在100℃、3h才杀灭。

三、酵母菌

1. 酵母菌的形态

黄酒酵母的形态大多呈圆形，在麦芽汁或米曲汁琼脂培养基上生长的菌落，通常为乳白色，平滑有光泽，边缘整齐。培养时间或保藏时间较长的斜面菌落呈浅黄色，表面失光。

2. 温度和 pH 要求

酵母菌的生命活动不但需要有碳源、氮源、无机盐、生长素等营养物质的适量供给，而且还要求有适宜的温度和 pH。酵母菌喜生长在含糖质较多的偏酸性环境中，在空气中也有大量酵母菌存在。酵母菌的生长温度范围为 4～42℃，最适温度为 25～30℃。酵母菌在 pH 为 3～10 间均能繁殖，最适 pH 为 4.5～5.0，如维持 pH 在 3.8～4.2 之间，则对细菌有较好的抑制作用且对酵母影响较小，可在不杀菌的情况下进行酵母的纯粹培养。酵母菌是兼性厌氧菌，在无氧条件下进行酒精发酵，在有氧条件下则主要进行呼吸作用，同化葡萄糖生成菌体，很少生成酒精。

当温度超过最适生长温度时，酵母菌的代谢速度过快，易引起酵母菌的早衰，酵母菌的死亡条件为 55℃、10min 左右。酵母菌对低温的抵抗力一般较高温强，虽然在低温状态下酵母菌的新陈代谢活动减弱，直至处于休眠状态，但其生命活力依然保持，目前酒厂实验室普遍采用的低温斜面保藏酵母菌种法，就是根据酵母菌的耐低温性质进行菌种保藏的。

黄酒酵母生长的最适 pH 为 4.5～5.0，最低 pH 为 2.5，最高 pH 为 8.0。在黄酒发酵过程中，随着酵母菌生长繁殖和代谢活动的正常进行，发酵液的 pH 会因有机酸等酸性代谢产物的逐渐增加而逐步下降。大多数细菌生长的最低 pH 为 5.0，黄酒发酵利用醪液的微酸性，使酵母菌在发酵初期就迅速繁殖，占据优势，并因酵母菌代谢产生的有机酸使 pH 迅速下降到 5.0 以下，从而有效地抑制了细菌的生长，避免了因细菌污染造成的酸败。

3. 酵母菌的代谢调节

酵母菌是兼性厌氧微生物，既能在有氧条件下生长，又能在无氧状态下生活。在有氧条件下，酵母菌以有氧呼吸、获取能量、合成菌体组成物为主，生长繁殖迅速，产生大量菌体；在无氧条件下，酵母菌行厌氧发酵，产生大量的酒精、二氧化碳，放出较多的热量。对酒药、米曲的研究表明：传统黄酒发酵是多种酵母菌的混合发酵，而不是单一酵母菌作用的结果。这些酵母菌特性各有差异，如有耐高温、耐高酒精含量的酵母菌。绍兴酒厂曾从酒药中分离得到一株酵母菌，该酵母菌用于新工艺黄酒发酵，所得的黄酒风味接近传统工艺黄酒的风味。这表明：酵母菌株在黄酒酿造中具有举足轻重的地位，尤其是对酒的香味形成起决定性作用，往往是一种酵母菌一种酒味，这也是不同类型的饮料酒使用不同种类酵母菌的原因所在。

第二节　黄酒糖化的发酵剂

一、酒药

酒药也称小曲、白药、酒饼，是我国独特的酿酒用糖化发酵剂。据分离研究，小曲中根霉为主，酵母次之，以酒药具有糖化和发酵的双边作用。小曲中尚含有少量的细菌、毛霉和梨头霉等，如果培养不善，酒药会含有较多的生酸菌，酿酒时控制不好，则发酵液就容易增酸。

我国南方普遍使用酒药，不论是传统黄酒生产还是小曲白酒生产都要用酒药。在绍兴酒生产中，是以酒药发酵的淋饭酒醅作为酒母，然后去生产摊饭酒，它是用极少量的酒药通过淋饭法在酿酒的初期进行扩大培养，使霉菌、酵母菌逐步增殖，达到淀粉原料充分糖化的目的，同时还起到了驯养酵母菌的作用。酒药具有糖化发酵力强、用药量少、药粒制造方法简单、设备简单、易于保藏和使用方便等优点，所以它不仅适合中小型酒厂，还适合乡村企业和民间生产，其产地遍及我国南方。目前，酒药的制造方法有传统法和纯种法两种，传统法中有蓼曲和药曲之分，纯种法主要是采用纯根霉菌和纯酵母分别培养在麸皮或米粉上，然后混合使用。

二、发酵曲

利用粮食原料，在适当的水分和温度条件下，繁殖培养具有糖化作用的微生物制剂叫做制曲。曲是酿造黄酒的糖化剂，它能赋予黄酒特有的风味。黄酒曲随各地的习惯和酿制方法不同，种类繁多。按原料分类有麦曲和米曲，麦曲中又分块曲、挂曲、纯种麦曲等，米曲中也有红曲、乌衣红曲和黄衣红曲等种类。

麦曲是指用小麦作为原料，培养繁殖糖化菌而制成的黄酒糖化剂，它不仅给黄酒的酿造提供了各种需要的酶（主要是指糖化酶），而且在制曲过程中，麦曲内积累的微生物代谢产物，也给黄酒以独特的风味。

红曲中主要含有红曲霉菌和酵母菌等微生物。它是我国黄酒生产中一种特有的糖化发酵剂。红曲采用大米为原料，在一定的温度、湿度条件下培养成为紫红色的米曲。由于经过了长期人工的选育和驯养，使红曲达到了现有的纯净程度，这是我国古代在微生物育种技术上的一个成就。红曲的糖化力较强而发酵力较低，所以，红曲酿酒时最好添加些酵母培养液，以增强发酵效果。

乌衣红曲中主要含有红曲霉、黑曲霉和酵母菌等，是我国黄酒酿造中的特种糖化发酵剂。乌衣红曲酒主要采用籼米为原料，以乌衣红曲为糖化发酵剂。

三、酒母

酒母，原意为“制酒之母”。黄酒是一种含酒精的发酵酒，需要大量酵母的发酵作用，在黄酒发酵过程中，尤其是在以传统法生产的绍兴酒发酵醪中，酵母细胞个数达 6 亿～8 亿个/mL。酒母质量的好坏，对黄酒发酵和酒的质量影响极大。黄酒酵母不仅要具备酒精发酵酵母的特性，而且要适应黄酒发酵的特点，其主要性能为：

① 含有较强的酒化酶，发酵能力强，而且迅速；

② 繁殖速度快，具有很强的增殖能力；

③ 耐酒精能力强，能在较高浓度的酒精发酵醪中进行发酵和长期生存；

④ 耐酸能力强，对杂菌有较强抵抗力；

⑤ 耐温性能好，能在较高或较低温度下进行繁殖和发酵；

⑥ 发酵后的酒应具有黄酒特有的香味；

⑦ 用于大罐发酵的酵母，发酵产生的泡沫要少。

黄酒酒母的培养方式，大体上可分为两个类型：一是传统的自然培养法，如绍兴酒及仿绍酒的酿造，是用酒药通过淋饭酒醅的制造，繁殖酒母的；二是用于大罐发酵的纯种培养酒母，是由试管菌种开始，逐步扩大培养，增殖到一定程度而成为纯种培养酒母。

四、酶制剂

酶制剂是采用现代生物技术和设备制成的一种商品化的生物催化剂，它的主要优点是活性强、用量少、专一性强、使用方便等。目前我国酶制剂应用于黄酒生产中主要是糖化酶、液化酶等，它替代部分麦曲，以减少用曲量，增强糖化能力，达到提高出酒率和质量的目的。

五、黄酒活性干酵母

黄酒活性干酵母是选用黄酒优良酵母菌为菌种。使用活性干酵母，减去了酒母培养工序，又不需培养设备，不要培养原料，不因停电、停水等因素而影响酒母质量活性。干酵母使用方便，操作简单，用量少，发酵力强，可提高原料出酒率；使用活性干酵母后，出现了酿酒工业按专业分工合作的新格局，有利于黄酒工业的现代化。

第三节 黄酒糖化的酶类

一、淀粉酶

淀粉酶是催化水解淀粉分子中糖苷键的一类酶的总称，与酿酒有关的淀粉酶可分为以下几种。

1. α-淀粉酶

α-淀粉酶作用于淀粉时，能使淀粉迅速分解成小分子糊精和少量麦芽糖、葡萄糖以及寡糖。淀粉被水解后失掉原来的黏稠性，黏度迅速下降呈现液体状态，这种现象叫液化，又称糊精化，故此酶也称液化酶。酿酒中的α-淀粉酶主要来源于细菌和霉菌，麦曲中含量很丰富，工业生产的α-淀粉酶制剂BF7658则是从枯草芽孢杆菌中提取。

2. β-淀粉酶

β-淀粉酶能将淀粉分解成麦芽糖和少量极限糊精。β-淀粉酶水解速度较慢，糖化时碘色消失缓慢。β-淀粉酶在大麦中含量最多，小麦、甘薯等也有，不少微生物，如芽孢杆菌、假单胞菌、链霉菌等均能产生该酶，而且有的菌种产量较高。

3. 葡萄糖淀粉酶

葡萄糖淀粉酶能将淀粉链的葡萄糖一个个切下来，故称为糖化酶。糖化酶能水解几种葡萄糖糖苷键，所以能使淀粉全部转变为葡萄糖。葡萄糖淀粉酶主要来源于霉菌，黑曲霉、黄曲霉、根霉、红曲霉中均能产生。国内主要用黑曲霉生产糖化酶制剂或麸曲，但由于目前的糖化酶制剂是一种粗制品，带有异杂气味，所以无法保证黄酒质量。

4. 麦芽糖酶

麦芽糖分解酶能将麦芽糖水解成两个葡萄糖，属于糖化型淀粉酶的一种。此种酶主要存在于酵母菌中，是一种非常重要的酶，与出酒率关系很大。

5. 转移葡萄糖苷酶

转移葡萄糖苷酶可切开麦芽糖的葡萄糖苷键，将葡萄糖转移到另一个葡萄糖或麦芽糖中，而形成异麦芽糖、潘糖等非发酵性糖。但当发酵液中葡萄糖被利用而减少时，此酶又能将非发酵性糖分解成可发酵性的糖类。虽然此酶参与的催化反应具有可逆性，但会延长发酵周期。转移葡萄糖苷酶主要来源于黑曲霉，根霉和红曲霉不产生转移葡萄糖苷酶，但糖化酶产率没有黑曲霉高。目前国内推广使用的黑曲霉生产酶制剂的菌种，很少产生转移葡萄糖苷酶，而葡萄糖淀粉酶的产量很高。

二、果胶酶

果胶酶是一种包含有多种酶的复合酶，主要是将胶体性糖类——果胶分解成果胶酸和甲醇。因为在块根、块茎的薯类及水果中含有较多果胶，所以以薯类为原料酿制的黄酒，甲醇含量较高，可达0.15%～0.2%，而用糯米酿制的黄酒则在0.01%以下。甲醇对人体视神经等毒害作用很强，4～10g的甲醇即可引起严重中毒，甲醇在人体内的代谢产物甲酸及甲醛毒性更大。果胶酶来源于微生物、植物，黑曲霉中含量较高，故用黑曲霉作糖化菌种。

三、酒化酶

酒化酶是指参与酒精发酵的各种酶及辅酶的总称，存在于酵母细胞内。酒化酶参与从葡萄糖到酒精和二氧化碳的复杂生化过程，酒化酶活力的高低是影响发酵效率的重要因素，所以培养优良的酵母菌种是酿酒生产的重要一环。

四、酯化酶

酯化酶能将一个分子的酸与一个分子的醇结合脱水而生成酯。酯化酶主要来源于酵母菌和霉菌，尤以酵母菌为最重要。所以在酿酒生产中，特别是黄酒生产中的酵母菌，不但要求发酵力强，耐酒精等，还要求能产酯、香味好。

五、蛋白酶

蛋白酶是水解蛋白质和多肽的复合酶，分为内肽酶和外肽酶。内肽酶作用于蛋白质的产物为多肽、低肽；外肽酶作用于肽的产物为氨基酸和中链肽。黄酒生产中的蛋白酶主要来源于细菌。

在黄酒生产中起作用的酶类很多，除上述酶类外，还有磷酸酯酶、纤维素酶等。正是因为酶的种类繁多、功能各异，酿造过程中的生化反应错综复杂，使酒中的成分各有差异，所以构成了各种类型的酒质特色。

第四章
黄酒发酵剂的制备（制曲）

第一节　麦曲制作

一、生麦曲制作

发酵所需的麦曲，如图4-1的麦曲制作工艺流程图，通过曲盒装载和曲室培养，得到优良的麦曲，具体操作如下。

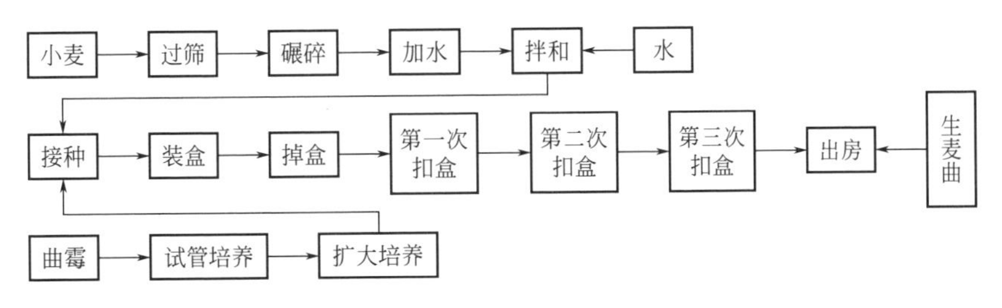

图4-1　生麦曲制作工艺流程

1. 碾碎

先将小麦通过风扇，除去秕粒、尘土，再通过0.25cm^{2}筛孔筛去泥块、石子；不经过淘洗，可将除杂的小麦通过轧碎机压碎，每粒小麦要轧碎成3～5片。这样可使小麦的表皮组织破裂，露出麦粒中的淀粉，易吸收水分，增加糖化菌的接触面积；小麦碾碎后需将麦粉筛出来，以避免损失。

2. 加水

每50kg原料，春秋季用水17.5～19kg；冬季15～16kg，如气温在10℃以下，用30℃温水。

3. 拌和

拌和备木桶三只，每只能容麦片50kg，麦片加水后连续翻拌三次，在木桶中堆积10min，待水分吸入麦粒内。

4. 接种

纯菌种的试管培养及扩大培养，接种量根据季节，每50kg原料使用种曲量冬季0.15～0.175kg，春秋0.1～0.125kg，接种后将原料充分翻动搅拌一次。

5. 装盒

每盒容量2.5～2.75kg，盒面摊平。装盒后，立即送入曲房堆成品字形，每堆12～13盒，冬季用火炉保温，使室温维持25～28℃。春秋季根据气温调节，以便形成曲霉繁殖的适宜环境。

6. 调盒

经过入房20～24h后，曲霉已开始繁殖，堆中心曲盒品温逐渐上升至30～32℃，上下两端的曲盒品温25～27℃，此时将上下曲盒与中间曲盒调换位置，借此调节品温，以求曲霉生长一致。

7. 扣盒

掉盒后5～6h，品温在30～32℃，室温28～32℃，进行第一次扣盒，扣盒是将正在繁殖的麦曲，整块翻在一个空曲盒中。又经过8～12h，品温达38～40℃，室温34～36℃，水汽逐渐向上蒸发，进行第二次扣盒，并且上下掉盒。再过10～12h，品温、室温均在34～36℃，水汽蒸发旺盛，进行第三次扣盒，此时开窗通风，如果品温下降较快，应及时关闭窗户。扣盒时动作要快，同时开启窗户，使新鲜空气输入，扣盒完毕后，立即关闭窗户。

8. 出房

又过85～90h，将曲盒内成品曲倒出，温度不要超过20℃摊放备用。

二、熟麦曲制作

所谓“熟麦曲”是指曲的原料经过蒸熟后制曲的，由于麦片中的淀粉事先经过糊化，所以能够充分地利用起来了，它的优点如下。

1. 提高质量

过去用生麦曲，曲粒常沉在发酵醪缸底，很容易产酸。使用熟麦曲后，由于糖化力比生麦曲强，酒精含量普遍提高了1%以上，酸度也有所降低。

2. 不限季节

过去制造生麦曲都在晚秋一个很短的季节，现在任何季节都可以制曲。

3. 用曲量减少

由于熟麦曲质量比生麦曲高，用曲量也从12%减到8%～10%。

4. 提高出酒率

用熟麦曲后，提高出酒率达15%～20%。

5. 降低出糟率

用熟麦曲后，出糟率由原来的25%降低到16%～18%。

6. 技术说明

① 温度。过去要求制成麦曲“黄绿花”，即黄曲霉的孢子越多越好。现经实践证明，温度控制低些、“黄绿花”多的麦曲，不如温度适当高些（50～55℃）、白色菌丝多的麦曲，后者不但糖化力相对高些，曲香也好，而且不容易产生黑曲和烂曲。这是因为50～55℃的较高培养温度，是酶蛋白的最适合成和作用温度，小麦蛋白质在此温度范围内转化为菌体的酶蛋白，有利于淀粉酶的积累及构成麦曲特殊曲香的氨基酸等物质的形成，阻止菌丝进一步生成孢子；同时温度较高对青霉之类生长最适温度较低的有害微生物也可以抑制。

② 湿度。在块曲培养阶段，曲房的温度、湿度与曲块的含水量、温度有关。一般酒厂不具备自动或人控的调温调湿装置，而是在曲室内挂干湿球温度计，采取开门窗、洒水喷雾等方式调节曲室内空气的温度、湿度，使之与曲块培养的要求相符。如果曲坯升温太快，或开窗时间较长，使表皮过早干燥，糖化菌就生长不好，曲糖化力低；表皮干结又使曲心的热量和水分不易向外排出，曲心就沤成黑圈，甚至生成黑心，严重的成为臭曲。

③ 质量。块曲的质量可用感官判断：质量好的麦曲，应有正常的曲香，白色菌丝茂密均匀，无霉烂黑心，无霉味或生腥味，曲屑坚韧触手，

曲块坚韧而疏松。理化分析，要求水分含量低于14%～16%；糖化力在1000U左右，高者为佳。糖化力是指1g曲（风干曲）在30℃下，糖化1h所产生的葡萄糖质量（mg）。

④ 季节。一般在伏天制的曲，乳酸菌、芽孢杆菌等生酸菌较多。这些菌有生香作用，但生酸作用也较强，用这种曲酿酒，升温快、酸度高。所以，应适当延长贮曲期，使细菌减少，但也不能贮曲时间过长，以免酶活力下降，麦曲香味丧失，生香酵母减少。新工艺黄酒生产多在9月开始，与之相配套的块曲生产在7月和8月。传统工艺黄酒生产在11月开始，因此绍兴酒厂一般在9月、10月间制曲，这时正逢桂花盛开时节，所以习惯上把这时制成的曲称为桂花曲。

⑤ 其他。为补充酿酒用块曲的不足，在冬春季节制麦曲时，采用箭曲或散曲的生产方式，以克服气温变化造成制曲的困难。曲是将拌水后的麦料装入竹制或柳条编的筐内，中心先塞进一束捆好的稻草，以利于透气和散发水分，约经20d的培养而成，曲常年都可以生产，占地面积小，质量尚可。散曲是在室内地面上进行培养，通过室温控制品温的升降，经10多天培养成熟后晒干，以防烂曲。质量要求同块曲，但散曲质量难以达到均匀一致的标准。

第二节 根霉曲制备

一、根霉接种

常用根霉菌种有中科院3866和贵州轻工业科学研究所分离培育的Q303，后者具有糖化力强、产酸低、生产繁殖快等特点，使用更普遍。

1. 培养基准备

根霉菌种的斜面试管培养基，一般都采用米曲汁，浓度为13～16°Bé，加琼脂（俗称洋菜）1.5%～3.0%，按常规方法制成试管斜面培养基，于30℃培养箱中放置3d，检查无杂菌生长，方可接种。

2. 菌种制备

按常规方法接种后，30℃左右培养3d，当培养基上长满白毛，即可使用。多次频繁的移接，容易造成污染或变异，应用到生产上将会影响黄酒的产量和质量。为此，菌种使用一段时间或发现生产不正常时就要进行分离、复壮工作，但操作比较繁琐，一般酒厂很难采用。

3. 麸皮固体菌种制备

先将麸皮用40目筛过筛，筛去粉末，否则经蒸煮后会出现结块现象，使培养时透气性不好，不利于根霉的生长。筛过的麸皮加入80%～85%的水，经充分拌匀后分装试管，并用试管刷将附于管壁内外的麸皮刷洗干净，塞上棉塞，以0.1MPa的蒸汽压力灭菌30min，冷却后接种，置培养箱内30℃保温培养3～4d，根霉生长好后，提高温度至37～40℃进行干燥，干燥后即可置冰箱内保藏。麸皮固体培养基应随做随用，麸皮固体菌种在菌种保藏中的稳定性很好。

二、根霉培养

1. 培养基制备

取过筛后的麸皮，加入80%～90%的水，翻拌均匀，分装于经干热灭菌的500mL三角瓶中，每瓶装湿麸皮约40g，塞上棉塞，用防潮纸包扎好。以0.01MPa蒸汽灭菌30min，趁热摇散瓶中的曲块，并使瓶壁上部的冷凝水回入麸皮内。待冷至35℃左右即可接种，无菌操作从斜面试管挑出孢子2～3接种针，移接到三角瓶麸皮培养基上，并充分摇匀，以便于均匀生长繁殖；另外，也有用米粉作培养基的。

2. 保温培养

接种后移入培养箱，培养温度30℃，经20～24h，培养基上已有菌丝长出，并已结块；此时可以轻微摇瓶一次，以调节空气促进繁殖，但摇瓶不可过分激烈，以免过多的菌丝被折断，而影响繁殖生长。摇瓶后继续培养1～2d，当已有孢子出现，菌丝也已布满整个培养基，麸皮结成饼状时，便可进行扣瓶。其方法是将三角瓶倾斜，轻轻振动瓶底，使麸皮饼脱离瓶底，悬于瓶的中间，目的是增加空气接触面，以利于根霉进一步繁殖。扣瓶后再继续培养一天，使其多生孢子，成熟后便可出瓶干燥。出瓶操作要求以无菌操作法进行，先倒净瓶中的凝结水，然后用灭过菌的竹筷或玻璃棒将麸皮饼轻轻地打碎，倒入已灭菌的（一般都是在经甲醛溶液涂抹消毒过的）干燥箱或培养箱内进行干燥，干燥温度为37～40℃，使之迅速脱去水分，以阻止菌体继续繁殖生长。干燥后倒入已灭菌的研钵充分研磨成粉末状，再倒回纸袋内贮存备用，这一操作应用无菌操作法进行。纸袋三角瓶种子应存放在用硅胶或生石灰作为干燥剂的玻璃干燥皿内，三角瓶种子的质量要求为灰色或深灰色孢子丛生，无其他杂色斑点；嗅之无异杂气，尝之无异杂味；水分要求在10%以下。

三、根曲制作

1. 接种

麸皮经灭菌后，品温降到31～32℃，便可接入2%的三角瓶酵母菌液及0.1%～0.2%的根霉曲。

2. 培养

接种后便可装帘培养，装帘要求疏松均匀，厚度一般为1.5～2cm，品温为30℃。装帘后在28～30℃的室温下进行保温培养。经过8～10h的培养，品温上升，进行第1次划帘。划帘后，上下帘子调换位置，使其品温达到均匀，繁殖生长趋于一致，并继续保温培养。至12h品温复升，进行第2次划帘。15h酵母菌进入繁殖旺盛期，此时为品温高峰期，可达36～38℃，应再次进行划帘。一般24h后品温开始下降，不再上升，再继续培养数小时，固体酵母即培养完毕，就可进行干燥。干燥方法与根霉麸曲相同。

3. 技术说明

① 糖化。接种时加根霉曲的目的是利用根霉繁殖后产生的糖化酶，对麸皮中的淀粉进行糖化作用，为酵母菌的生长繁殖提供部分糖分。

② 划帘。划帘对酵母菌的繁殖生长起重要作用。酵母菌是兼性好氧菌，在繁殖生长过程中需要一定量的空气，同时产生二氧化碳。划帘操作，可排出二氧化碳，又能交换进空气，从而促使酵母菌的生长繁殖正常进行。另外，酵母菌在固体培养基上的繁殖既不像在液体培养基里能自行向各方向和各部位扩张，而均匀分布于整个液体，又不像根霉的匍匐菌丝能自由蔓延和伸长，并布满培养基。因此，固体酵母的培养，只有通过划帘的办法，才能使已生长繁殖的菌体细胞分布到原料的各个部位，从而使酵母菌大量、均匀地繁殖，以提高固体酵母曲的质量。

③ 混合。根霉曲与酵母曲按一定比例混合就成为纯根霉黄酒曲，即为具有糖化和发酵作用的麸曲。酵母曲拌和根霉曲量的多少，应以酵母曲中所含酵母菌的细胞数多少来决定。若酵母曲细胞数为4亿个/g左右，则加

到根霉曲中的酵母曲为6%。

第三节　米曲制备

一、原料选择

红曲的主要原料为大米、曲种和醋。根据制曲品种的不同选择不同种类的大米。色曲应选用上等粳米；库曲和轻曲最好使用高山红土田产的籼米，此种米制成的曲色红且颗粒整齐；一般要求使用精白的上等米。采用“糯米土曲糟”，它是福建建瓯一带用土曲酿酒所榨得的酒糟，现今也有纯种法培养红曲的。制造库曲、轻曲配用贮存半年到一年的优良米醋即可；而制造色曲对醋的质量要求较高，要求配用陈酿3年以上的优质老醋，取其酸中带甜、性缓而经久的特性。

二、米曲制作

米曲制作如图4-2所示，具体如下。

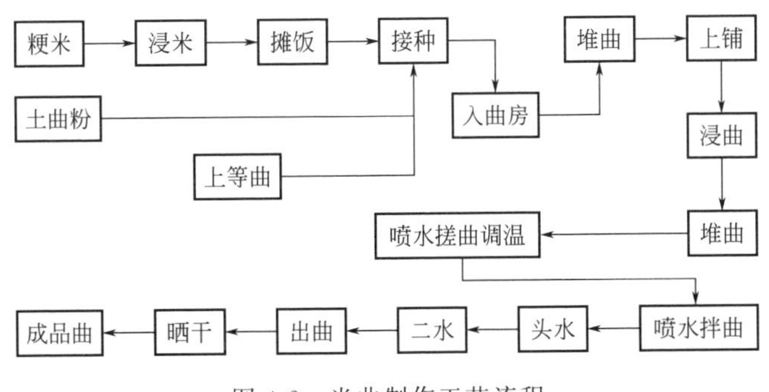

图4-2　米曲制作工艺流程

将米淘洗除去糠秕后，水浸1～1.5h（以用手指一搓即碎为度），捞起沥干。

1. 摊饭

大米倒入甑内，开大蒸汽，蒸至米饭用湿手摸饭不黏手即可。饭蒸熟软透，便可将饭摊散于竹箩上冷至40℃左右（不烫手），此时即可接种拌曲。

2. 接种拌曲

根据表 4-1 所列的原料配比，将各种物料调拌均匀，当全部饭粒染上微红色时，即可入曲房培养。

表 4-1 红曲原料配比表

单位：kg

曲类	配料			成品
	大米	土曲精	醋	
库曲	200	5.0	7.5	100
轻曲	300	7.5	10.7	100
色曲	400	10.0	15.0	100

有的曲厂创造了一种醋糟混合物：取糯米 25kg 浸渍蒸熟，淋水降温至 40℃左右时，拌入土曲粉 10～12kg，然后装入坛内，经 12d 的糖化后，再掺入醋 15～25kg，贮存 2～3 个月后就可使用。制红曲时每 50kg 大米，仅需使用 6.25kg 醋糟，并且拌曲操作简便，成本较低。浙江省制红曲，是先用红曲做成红糟后再用于接种，其操作为：0.5kg 红曲，用 1.5～1.75kg 的冷开水浸泡，以曲粒能浮起为准，然后将已冷却的 1kg 糯米饭混合放入坛内，下坛品温 28～30℃。发酵旺盛时品温不超过 33℃，下饭后 24h 开耙，培养繁殖 5～7d 便可使用，使用期一般不超过 10d。

3. 曲房管理

将拌入曲种的米饭挑到曲房堆放，盖以洁净的麻袋，保温 24h，菌丝繁殖使曲堆发热，待品温升至 35～40℃时，进行翻曲，把曲块搓散摊平，厚约寸许，每隔 4～6h 搓曲一次，并调节室温及时散热。翻曲换气降温对曲菌繁殖极为重要，进入曲房，三四天后菌丝透过米粒中心部分，呈红色斑点，此阶段称为上铺。这时把它装入麻袋，在水中漂洗约 10min，使曲粒吸水，菌丝饭粒互相接触均匀，并清除和抑制杂菌发育。沥干后堆放半天，使之升温发热，然后再摊散，此后每隔 6h 翻拌一次。

当菌丝发育旺盛，并分泌红色素，曲粒出现干燥现象（用手触动曲粒会有响声）时，可适当喷水调节湿度并注意开关窗户调整室温，使品温保持在 25～30℃，这一阶段称头水，历时 3～4d，曲面全部呈绯红色。此后的操作是适时适量地喷水，维持湿度。如过潮，曲菌繁殖、发热过快，则品温升高，易使曲腐烂或生杂菌；如过干，曲菌就不能繁殖。因此要对温度、湿度严加控制，每隔 6～8h 要翻曲一次。这阶段为 3～8d，称二水，此时菌丝已内外繁殖旺盛，曲粒里外透红，并有特殊的红曲香味。当曲里外透红时，就可以移至室外，晒干后即为红曲成品。

三、米曲管理

1. 培养

库曲、轻曲和色曲的制法，除配料不同外，主要在于曲房的后期管理上。轻曲、色曲须进行更多次的少量水喷浇，以使菌丝的繁殖期能延续较长久，多消耗曲粒中的物质，菌丝生长得更多，颜色更为红艳。制曲时间，一般库曲 8～10d，轻曲 10～13d，色曲 13～16d。如气候炎热，生产期应酌情缩短，天冷又需延长。

2. 生长

红曲室温过高或翻曲降温不及时，会使品温度过高，而将曲菌烫死；室温过低或不加保温，又会使菌丝繁殖不足，致使酶活力不高。对酸度的要求尤其突出了红曲培养条件的苛刻。与酒药、麦曲制造相比，作为红曲培养基的饭粒含水量高，淀粉颗粒疏松糊化，保温培养时间又长，较易受到各种杂菌的侵入，因此要求掌握一定的酸度，用醋调 pH 在 4.4～5.3 之间。醋的成分丰富，有益于红曲菌繁殖和色素分泌，因此在制曲后期，特别是制色曲时，生产期长，如发现酸度不够，应立即喷入稀醋液，搅拌均匀，以利于曲菌的繁殖，抵御杂菌侵入。

3. 平衡考虑

红曲的糖化力较强，而发酵力较弱。因此，虽在红曲中有自然繁殖的酵母菌，但在酿酒时最好添加些酵母菌，以增强发酵力。

第四节　酵母培养

一、黄酒酿造酵母的特点

黄酒酵母不仅要具备酒精发酵的特性，而且要适应黄酒发酵的特点，其主要应具备如下性能：耐酒精能力强，耐酸能力强，对杂菌有较强的抵抗力；耐温性能好，能在较高或较低温度下进行繁殖和发酵；在发酵前期繁殖速度快，具有很强的增殖能力，以便缩短迟缓期，防止产酸细菌的侵袭。

酵母菌一般采用液体培养，但黄酒生产上液体酵母用量不多，如果每天制糖液、培养酵母菌，则费工费时。为此，有的厂采用液体培养酵母菌后，倾取酵母泥制成固体酵母，以利于保存和随时取用；有的厂则直接采用固体培养基培养酵母菌，成品经干燥后贮存备用。目前，随着活性干酵母的商品化，一般酒厂已直接购买黄酒活性干酵母用于普通黄酒的生产。

二、液态酵母制备

1. 实验室培养

（1）菌种培养　将糖度为13.5°Bx的米曲汁用磷酸调整pH为3.9～4.1，溶入2%左右的琼脂，然后分装于经干热灭菌的试管中，0.01MPa压力蒸汽灭菌30min，并趁热将试管斜卧，冷凝成固体斜面培养基，置于恒温箱内，在37℃下保温2～3d，检查无杂菌生长后，接原菌。固体斜面试管接种后，移入恒温箱内，在28～30℃保温培养3d，取出移入冰箱内保存备用。

（2）液体试管培养　将上述米曲汁分别装入预先经干热灭菌的25mm×200mm的试管内，每管约装25mL，然后0.01MPa压力蒸汽灭菌30min。接种后，置恒温箱内，在28～30℃培养20～24h备用。

（3）三角瓶液体培养　大米加水4～5倍煮成粥状，冷却至60℃，加入15%～20%的麸曲或麦曲，55～60℃保温糖化5h，糖化完毕（用碘液试验不变色）后过滤，调整糖度为13°Bx左右，用乳酸调整pH为3.9～4.1，分装入3000mL的大三角瓶内，每瓶装糖液约2000mL，0.01MPa压力蒸汽灭菌30min，备用。每只大三角瓶接入上述液体试管一支，接种后充分摇匀，并在恒温箱内28～30℃培养24h。用液体酵母制备纯种酒母，通常以数只大三角瓶的酵母液用量即可满足。对三角瓶菌液的质量要求为：杂菌平均每视野0.25个以下，细胞数0.5亿以上，芽生率15%以上。

2. 生产现场扩大培养

（1）酵母培养采用间歇发酵法　即把一定量的种子酵母接种到发酵罐内的培养基中进行生长繁殖，并不断加入培养基，同时向发酵罐中通入分散得很细的空气，培养基流加的速度决定于酵母菌的增殖量。发酵液一般维持在30～33℃，pH保持4.2～4.5，经过8～12h通风培养，酵母菌的数量可增加至5～7倍。

（2）间歇发酵酵母可培养3代 从斜面菌种逐步扩大培养后，按10%的接种量接入发酵罐，按上述通风流加培养基法发酵8～12h，即得到第1代纯种酵母；用第1代液体酵母按10%的接种量，于第2只发酵罐中培养，即得第2代纯种酵母；用约10%的第2代液体酵母接入发酵罐培养，即得第3代商品酵母。发酵罐培养黄酒酵母以到第3代为限，再增加代数，会影响酵母质量。为了获得优良的活性酵母，一定要保证纯粹培养的条件，并同时产生部分酒精，这虽然会减少酵母的产量，但能获得较高发酵力的纯种酵母。

（3）专用设备发酵 为了避免每天制糖液、培养酵母的麻烦，有的酒厂或活性干酵母生产厂采用酵母生产专用设备大量生产液体酵母。酵母生产设备采用通风发酵罐，发酵培养时需将无菌空气不断通入罐内培养液中，以供酵母繁殖时的氧气消耗。培养酵母用的糖液可用淀粉质原料，如大米、玉米和薯干等粮食制备；也可用制糖厂的结晶母液，如甘蔗糖蜜、甜菜糖蜜等制备；甚至可用非食用原料，如木材水解液、纸浆废液以及味精废液等工业废液制备。糖液浓度通常为10～12°Bx,除糖分外，要根据各种糖液的特点，配以适量的有机氮或无机氮，以及无机盐等酵母营养素，调节培养液的pH，使之保持在pH4.2～4.5。

三、活性干酵母的制备

1. 分离和洗涤

培养结束后，应在很短时间内把酵母从发酵液中分离出来。分离酵母采用酵母离心分离机，利用高速回转的转鼓，惯性力的作用，将母液与酵母分离，一般可使酵母培养液的浓缩倍数达到5～7倍。酵母醪一般分离三次，洗涤二次，经第一次和第二次分离的酵母醪每次要加1～2倍的自来水进行洗涤，以除去酵母分泌的代谢产物、杂菌和酵母细胞表面吸附的色素等物质。洗涤时应通风搅拌，使酵母和水混合均匀，使酵母细胞外的杂质能洗涤到水中而从废水中排出，第三次分离后使酵母醪浓度达到干物质含量的12%～16%（称酵母乳），即可进行压榨。

2. 压榨、干燥及包装

经过酵母离心分离机分离洗涤的酵母菌，为含水分85%左右的流动性液体，在干燥前要进行压榨，使压榨后酵母菌含水分在66%以下。压榨采用压力可达 0.10～0.12MPa 的板框式压滤机，酵母乳在压榨前必须冷却至15℃以下。压榨后酵母菌经轧粒制成 2mm×2mm 的颗粒状，然后进入沸腾干燥设备，开启抽风机和空气加热器，使热空气被吸入，通过沸腾床上的筛孔板，在悬浮的沸腾状态下，形成颗粒状酵母，在低温下缓慢脱水，湿空气经脉冲除尘器或旋风分离器排除。开始干燥时，颗粒酵母含水量高，可用 70～80℃的进风温度，随着颗粒含水量的缓慢降低，进风温度也相应降低，直至 35℃以下。沸腾干燥时颗粒酵母温度为 32～36℃，干燥时间 90～120min。经检验合格的活性干酵母采用铝箔复合袋或马口铁罐抽真空充氮气包装，在室温下，其保质适用期为 6～12 个月，若存放于温度较低的条件下，其保质适用期可相应延长。

3. 固体酵母培养

培养固体酵母的原料为麸皮，接种于麸皮培养基的酵母菌为前述的实验室培养的三角瓶菌液。麸皮原料的处理与帘子根霉曲生产方式基本相同，只是润料的水分略有增加，因为酵母菌适宜于液体内生长繁殖，所以固体培养时应该给予足够的水分。另外，酵母曲在培养过程中与根霉曲不同的是翻拌次数较多，水分损失比较大，所以合理增加水分是完全必要的，一般比根霉曲培养增加 5%～10%的水分。

第五节 酒母制备

一、酒母特点

酒母，即为“制酒之母”，是由少量酵母逐渐扩大培养形成的酵母醪液，以提供黄酒发酵所需的大量酵母。在传统的淋饭酒母中，酵母数高达8 亿～10 亿个/mL；一般的纯种酒母则含有 2 亿～3 亿个/mL 的酵母。

酒母的培养方式分为两类：一是传统的自然培养法，用酒药通过淋饭酒母的制造繁殖培养酵母；二是用于大罐发酵的纯种培养酒母。淋饭酒母和纯种酒母各有优缺点。淋饭酒母集中在酿酒前一段时间酿造，无需添加乳酸，而是利用酒药中根霉和毛霉而发挥驯育酵母及筛选、淘汰微生物的作用，使淋饭酒母仍能做到纯粹培养；特别是酵母菌以外的微生物生成的糖、酒精、有机酸等成分，赋予成品酒浓醇的口味；还可以对酒母择优选用，质量较差的酒母可加到黄酒后发酵醪中作发酵醪用，以增加后发酵的发酵力。但淋饭酒母培养时间长，与大罐发酵的黄酒生产周期相当，操作复杂，劳动强度大，不易实现机械化；在整个酿酒期内，所用酒母前嫩后老，质量不一，影响黄酒发酵速度和质量。纯种酒母操作简便、劳动强度低、占地面积小，酿造过程较易控制，可机械化操作。但由于使用单一酵母菌，培养时间短，成熟后的酒母香气较差、口味淡薄，影响成品酒的浓醇感。因此，除部分传统黄酒仍保留淋饭酒母工艺外，一般黄酒都用纯种酒母，为了改进纯种酒母酿酒的风味，也有采用多种风味好、发酵力强、抗污染能力大的优良黄酒酵母混合使用的方法，淋饭酒母又叫"酒酿"，因米饭采用冷水淋冷的操作而得名。

二、工艺流程

淋饭酒母生产工艺流程如图 4-3 所示。

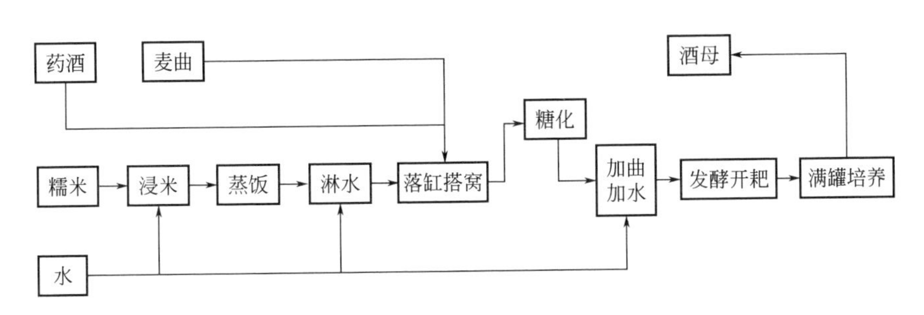

图 4-3　淋饭酒母生产工艺流程

三、操作方法

1. 落缸搭窝

制备淋饭酒母多采用糯米，浸 2d 后，清水淋净，蒸熟淋冷后饭温为 32～35℃。投料比为糯米 125kg、块曲 19.5kg、酒药 0.19～0.25kg，饭水总量为 375kg。投料时，将沥去余水的米饭倒入洁净或灭过菌的缸内，先把饭团捏碎，再撒入酒药，与米饭拌匀，并搭成凹形窝，缸底的窝口直径约 10cm，窝要搭得疏松些，以不倒塌为度。搭窝的目的是增加米饭与空气的接触面积，以利于好氧性的糖化菌繁殖；同时因有窝的存在而使较厚的饭层品温较均匀；还便于检查糖液的积累和发酵的情况。窝搭好后，再在上面撒上一些酒药粉，然后加盖保温，一般窝搭好后品温为 27～29℃。

2. 糖化

投料搭窝后，要根据气温和品温的不同，合理保温，使酒药中糖化菌和酵母菌得以迅速生长和作用。根霉等糖化菌分泌糖化酶，将淀粉分解为葡萄糖，并产生乳酸、延胡索酸等有机酸，逐渐积聚甜液，使酒窝中的酵母菌迅速繁殖；同时，有机酸的生成降低了甜液的pH，抑制了杂菌生长。经36～48h，缸内饭粒软化，香气扑鼻，甜液充满饭窝的4/5。取甜液分析，浓度在35°Bx左右，还原糖为15%～25%，酒精含量3%以上，酵母细胞数达7000万个/mL。

3. 加曲加水

当甜液达4/5窝高时，投入麦曲，再冲入冷水，搅拌均匀，并继续做好保温工作。冲缸后品温的下降因气温、水温的不同而有很大的差别，一般冲缸后品温下降10℃以上。例如，当气温和水温均在15℃时，冲缸后，品温由34～35℃下降到22～23℃。

4. 发酵开耙

冲缸后，由于醪液稀释和麦曲持续的糖化作用，醪液营养丰富，酵母大量繁殖和酒精发酵，约12h，CO_2大量生成，醪液相对密度相对增加，将醪中的固形物顶至液面，形成一层厚厚的醪盖，缸内发出嘶嘶的声音，并有小气泡溢出。当饭面中心为10～20cm深，品温达28～30℃时，用木耙进行搅拌，俗称开耙。开耙的目的是为了降低品温，使上下温度一致，酵母均匀分布，排出醪中的CO_2，供给新鲜空气，促进酵母繁殖，减少杂菌滋生的机会。第1次开耙后，根据气温和品温，每隔4h左右，进行第2～4次开耙，使醪温控制在26～30℃范围内。一般二耙后可除去缸盖。四耙后开冷耙，即每天搅拌2～3次，直至品温与室温对应时，缸内醪盖已下沉，上层已成酒液。

5. 满罐培养

在开耙发酵阶段，酵母菌大量繁殖发酵，酒精含量增长很快，冲缸后48h已达10%以上，糖分降至2%以下。此后，为了与窖中曲的糖化速度协调，必须及时降低品温，使酒醪在较低温度下继续进行缓慢的后发酵，生成更多的酒精，提高酒母的质量。后发酵多采用灌坛养醅（坯）来完成，将缸中醪盖已下沉的酒醅搅拌均匀，灌入坛内，装至八成满，上部留一定空间，以防养醅期间，继续发酵引起溢醅现象。后发酵也可在缸内进行（俗称缸养），上盖一层塑料布，用绳子捆在缸沿上即可。经20～30d，酒精含量已达15%以上，即可作酒母用。

四、酒母的选择

为了确保摊饭酒的生产质量，淋饭酒母在使用前，要进行品质检查，从中选出优良的酒母。优良酒母应符合下列条件：

① 酒醅发酵正常；

② 养醅成熟后，酒精浓度在16%左右，酸度在0.4%以下；

③ 品味爽口，无酸涩等异杂气味。

第五章

黄酒的发酵及管理

第一节 黄酒发酵的分类

黄酒发酵的特点是开放式发酵、双边发酵、高浓酿造、低温长时间后发酵，以及生成高浓度酒精。

一、开放式发酵

黄酒发酵是开放式发酵，曲、水和各种用具都存在着大量的杂菌，并且空气中的有害微生物也能侵入。黄酒的发酵实质上是霉菌、酵母、细菌多种微生物混合发酵的过程。要酿造好黄酒，就要利用好有益微生物，抑制有害微生物的作用。在黄酒生产中采用以下各种措施，确保发酵的顺利进行。

1. 季节

黄酒生产季节选择在低温的冬季，有效地减轻了各种有害杂菌的干扰。

2. 搭窝

在生产淋饭酒或淋饭酒母时，通过搭窝操作，使酒药中的有益微生物根霉、酵母等在有氧条件下很好繁殖，并且在初期就生成大量有机酸，合理地调节了酒醅的 pH，有效地抑制有害杂菌的侵入，并净化了酵母菌，加曲冲缸进入酒醪发酵后酵母菌迅速繁殖，使发酵顺利进行。

3. 酸浆水

在摊饭酒发酵中，除了选用优良的淋饭酒母外，还采用长时间浸米使米酸化及浸米酸浆水调节醪的酸度，抑制杂菌生长，保证酵母菌迅速繁殖和进行发酵。

4. 分次加饭

在喂饭酒发酵中，因分次加饭，醪液中的酸和酵母浓度不会一下子稀释很大，同时酵母不断获得新的营养，发酵能力始终旺盛，抑制了杂菌的生长。

5. 合理开耙

在黄酒发酵中，进行合理的开耙是保证正常发酵的重要一环。它起到调节醪液品温、混匀醪液、补充氧气、平衡糖化发酵速度等作用，强化了酵母活性，抑制有害菌的生长。

6. 卫生

黄酒发酵虽然是开放式发酵，通过上述措施可有效保证发酵的正常进行。当然，保持生产环境的清洁卫生，做好生产设备的消毒灭菌工作也是至关重要的，这样可以大大减少黄酒发酵的杂菌污染。

二、双边发酵

黄酒酿造过程中，淀粉糖化和酒精发酵两个作用是同时进行的。为了使醪中含有16%以上的酒精，就需要有30%以上的可发酵性糖，这么高的糖分所产生的渗透压是相当高的，将严重抑制酵母的代谢活动。而边糖化、边发酵的代谢形式能使淀粉糖化和酒精发酵互相协调，避免糖分积累过高和高渗透压的出现，保证了酵母细胞的代谢能力，使糖逐步发酵产生16%以上的酒精。在实际操作和管理上，重要的是使糖化和发酵之间保持平衡，哪一方面的作用过快或过慢，都会影响到酒的质量。

三、浓醪发酵

像黄酒醪这样的高浓度发酵，在世界上是罕见的。例如原料和水的比例，黄酒醪中大米与水为1∶2左右，啤酒糖化醪中麦芽与水为1∶4.3，威士忌醪麦芽与水约1∶5，可以看出黄酒醪特别浓厚。这种高浓度醪发热量大，流动性差，同时原料大米是整粒的，发酵时易浮在上面形成醪盖，使散热困难。因此，对发酵温度的控制就显得特别重要，特别是要掌握好开耙操作，头耙的早迟对酒质的影响很大。

四、低温后发酵

酿造黄酒不单是产生酒精，还要生成各种风味物质并使风味协调，因此要经过一个低温长时间的后发酵阶段，短的17～25d，长的80～90d。由于此阶段发酵醪品温较低，淀粉酶和酵母酒化酶活性仍然保持较强的水平，还在进行缓慢的糖化发酵作用。除酒精外，高级醇、有机酸、酯类、醛类、酮类和微生物细胞自身的含氮物质等还在形成，低沸点的易挥发性成分逐渐消散，使酒味变得细腻柔和。一般低温长时间发酵的酒比高温短时间发酵的酒香气足、口味好。

五、生成高浓度酒精

黄酒醪酒精含量最高可达20%以上，在世界酿造酒中是最高的。影响生成高浓度酒精的因素还未确定，一般认为是由下列因素综合在一起的结果。

① 双边发酵和醪的高浓度。

② 长时间的低糖低温发酵。

③ 黄酒酵母耐酒精能力特别强。

④ 大量的酵母在酒醪中分散。

⑤ 曲和米的固形物促进了酵母的增殖和发酵。

⑥ 米和小麦中的蛋白质、维生素 B_1 可吸附对酵母有害的副产物——杂醇油等，保护了酵母的发酵。

⑦ 发酵醪的氧化还原电位初期高后期低，与酵母增殖期和发酵期相适合。

⑧ 存在促进发酵的物质。

第二节 黄酒发酵过程的物质变化

发酵醪中成分的变化几乎都是由于酶的作用，非常复杂，其中主要的物质变化见表5-1。

表 5-1　发酵醪中主要的物质变化

糖化	淀粉(米、小麦) $\xrightarrow{\text{曲、酒药}}$ 糖分
酒精发酵	糖分 $\xrightarrow{\text{酵母}}$ 酒精 + CO_2
酸的生成	糖分及其他 $\xrightarrow{\text{酵母、霉菌、细菌}}$ 有机酸(乳酸、琥珀酸等)
蛋白质分解	蛋白质(米、小麦) $\xrightarrow{\text{曲、酒药}}$ 肽 $\xrightarrow{\text{曲、酒药}}$ 氨基酸 $\xrightarrow{\text{酵母}}$ 高级醇
脂肪分解	脂肪(米、小麦) $\xrightarrow{\text{曲、酒药、酵母}}$ 甘油 + 脂肪酸 $\xrightarrow{\text{酵母}}$ 酯

一、淀粉的分解

大米含淀粉70%以上，小麦含淀粉约为60%，被曲中的淀粉酶作用分解成糊精和葡萄糖。淀粉酶主要有两类：一为α-淀粉酶，也称液化酶，将淀粉分解成糊精和少量糖分；另一类为淀粉糖化酶，将淀粉和糊精分解为葡萄糖。在新工艺香雪酒生产中，为弥补糖化型淀粉酶的不足，常补充部分UV-11黑曲霉制成的麸曲。米饭和小麦中的淀粉经过此两种酶的综合作用，大部分分解成为葡萄糖。一般在发酵初期糖的含量最高，其后随着酵母的酒精发酵而逐渐降低，到发酵终了还残存少量的葡萄糖和糊精，给予黄酒甜味和黏稠感。还有一部分糖受到微生物分泌的转移葡萄糖苷酶的作用，生成麦芽三糖、异麦芽糖和潘糖等非发酵性低聚糖。淀粉酶的活性经过长时间的发酵，多少有些降低，但大部分保存。α-淀粉酶的一部分吸着在饭粒中，经过压榨留在糟粕中，而淀粉糖化酶吸着很少，压榨后进入新酒中，在澄清阶段继续将部分糊精分解成糖分，有促进酒成熟的作用，但也是造成蛋白质混浊的原因。

二、酒精发酵

醪的酒精发酵主要依靠酵母的作用，通过酵母细胞内多种酶的催化，把可发酵性糖在厌氧状态下分解成酒精和CO_2，并放出热量，使醪的品温上升。一般发酵过程可分为前发酵、主发酵和后发酵三个阶段。在前发酵阶段，主要是酵母增殖时期，发酵作用弱，因而温度上升缓慢。当醪中酵母繁殖得多了，进入主发酵阶段，酒精发酵很旺盛，醪液温度上升较快。不久，随着酒精的蓄积和糖分的减少，酵母的生命活动和发酵作用变弱，就进入后发酵阶段。此时主要是利用残余的淀粉和糖分，发酵作用已接近尾声，温度也不会再升高很多，榨酒时醪中酒精浓度达16%以上。

在主发酵阶段，应注意利用开耙操作来调节品温，排除CO_2，补充部分新鲜空气，使酵母保持活性，以便酵母能克服酒精等代谢产物对它的抑制。酒精发酵虽然在厌氧状态下进行，但必须补充一定的氧气，否则发酵会受到抑制，从而降低出酒率。酵母对可发酵性糖的发酵，均是通过 EMP（糖酵解）途径代谢生成丙酮酸后，进入无氧酵解或有氧 TCA（三羧酸）循环。在无氧条件下，丙酮酸脱羧生成乙醛、CO_2，乙醛在乙醇脱氢酶的作用下还原成乙醇，如图 5-1 所示。在有氧条件下，丙酮酸先经过氧化脱羧生成乙酰辅酶 A，乙酰辅酶 A 随后进入 TCA 循环而被氧化为二氧化碳和水，并且释放出大量的能量。

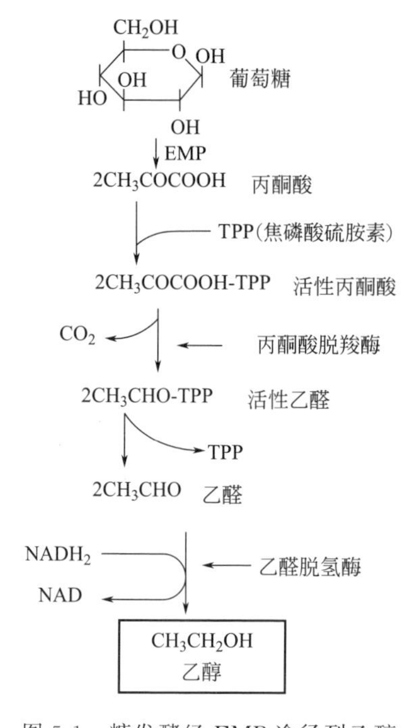

图 5-1　糖发酵经 EMP 途径到乙醇

三、有机酸的生成

有机酸一部分来自原料、酒母、曲和浆水，一部分在发酵过程中由酵母、细菌和霉菌产生。与其他酿造酒不同的是，黄酒发酵有霉菌的参与，有的霉菌能产有机酸，如根霉能产乳酸和反丁烯二酸，米曲霉能产柠檬酸、苹果酸、延胡索酸等，黑曲酶能产抗坏血酸、柠檬酸、葡萄糖酸和没食子酸等。发酵醪中的有机酸以乳酸为主，其次为乙酸、琥珀酸、柠檬酸、苹果酸、酒石酸，此外含少量丙酮酸、富马酸、酮戊二酸、草酸等。酸败变质的醪含乙酸和乳酸特别多，琥珀酸等减少。半干型黄酒的总酸在5.5～6.1g/L较好，过高或过低都会影响到酒的质量。

① 丙酮酸是酵母进行糖代谢过程中重要的中间代谢物，成品黄酒中丙酮酸含量很低，为60mg/L左右。

② 乳酸，黄酒中乳酸含量占有机酸总量的45%以上。黄酒发酵时，丙酮酸在乳酸脱氢酶催化下还原成乳酸，黄酒酵母中乳酸脱氢酶活性远远低于乳酸菌和毕赤酵母。

$$CH_3COCOOH \xrightleftharpoons[\text{乳酸脱氢酶}]{NADH_2 \rightarrow NAD} CH_3CH(OH)COOH$$

③ 乙酸主要是发酵醪受到醋酸菌污染，乙醇被醋酸菌氧化生成。

$$CH_3CH_2OH+O_2 \xrightarrow{\text{氧化酶}} CH_3COOH+H_2O$$

④ 琥珀酸是发酵过程中生成较多的非挥发酸。酵母糖代谢在TCA循环中形成草酰乙酸，最后转化成琥珀酸。但大部分琥珀酸由谷氨酸转化而来。

$$C_6H_{12}O_6+HOOC-CH_2-CH_2-CHNH_2-COOH+2H_2O \longrightarrow HOOC-CH_2-CH_2-COOH+CH_2OH-CHOH-CH_2OH+NH_3+CO_2$$

上述反应式受氢体是磷酸甘油醛，产物除琥珀酸外，还有甘油，脱下的NH_3被酵母利用。黄酒以大米为原料，谷氨酸含量较高，成品黄酒中琥珀酸含量高达750mg/L左右。

⑤ 苹果酸在发酵过程中酵母形成苹果酸的途径是，丙酮酸通过丙酮酸羧化酶的作用，固定二氧化碳先形成草酰乙酸，草酰乙酸再经过苹果酸脱氢酶的还原作用而产生苹果酸。

$$CH_3-CO-COOH+CO_2+ATP \xrightarrow[\text{-ADP-Pi}]{\text{丙酮酸羧化酶}} HOOC-CH_2-CO-COOH \xrightarrow[\text{苹果酸脱氢酶}]{NADH_2 \rightarrow NAD} HOOC-CH_2-CHOH-COOH$$

⑥ 柠檬酸，丙酮酸氧化脱羧生成乙酰辅酶 A。乙酰辅酶 A 与丙酮酸通过羧化支路形成的草酰乙酸及 1 分子水在缩合酶（柠檬酸合成酶）的催化下，生成柠檬酸。

四、醛类的变化

黄酒中的醛类主要有乙醛、苯甲醛、糠醛、异戊醛等。醛类含量在发酵前期达到峰值后，随着发酵的进行逐渐下降，但在贮存过程中会上升。乙醛是黄酒发酵过程中酵母的中间代谢产物，由酵母糖代谢产生丙酮酸，丙酮酸在丙酮酸脱羧酶的作用下脱羧生成乙醛，大部分乙醛被乙醇脱氢酶还原成乙醇，乙醛在黄酒中只有很低的积累量。乙醛的沸点很低，在煎酒过程会部分挥发。糠醛由原料中的戊聚糖转化而来，戊聚糖在微生物酶或酸的作用下水解生成戊糖，戊糖在高温或酸性条件下脱水、环化生成糠醛，某些微生物能将糠醛转化成糠醇。

五、蛋白质的变化

米中蛋白质含量为 6%～8%，小麦含蛋白质约 12%，发酵过程中，在麦曲蛋白水解酶及微生物（如乳酸菌能分泌蛋白质水解酶）的作用下形成肽和氨基酸。发酵醪中氨基酸达 18 种以上，而且含量也多，各种氨基酸都具有独特的滋味，如鲜、甜、涩、苦。氨基酸的一部分被酵母所同化，成为合成酵母蛋白质的原料，同时生成高级醇。这些物质给予黄酒香味和浓厚味。氨基酸的生成除了醪中蛋白质分解外，还来自于微生物菌体的溶出。发酵前期，由于温度较适合蛋白质水解酶的作用，原料中的蛋白质迅速水解，使醪液中的氨基酸含量增加较快。发酵中期由于蛋白质水解酶部分失活且发酵温度较低，氨基酸缓慢增加。发酵后期氨基酸含量继续增加，除残余蛋白质水解酶及微生物继续作用外，还与酵母的衰老、死亡有关。酵母死亡后，细胞自溶会释放氨基酸，并释放酸性羧肽酶分解多肽而形成氨基酸。有关研究表明，适当提高后酵温度和延长后酵时间能明显提高黄酒中氨基酸及氨基酸态氮含量。

六、高级醇的生成

1. 高级醇的代谢途径

（1）伊里希途径　1907 年，德国化学家伊里希（Felix Ehrlich）提出了由氨基酸形成高级醇的途径。该途径以 α-酮戊二酸为媒介，在转氨酶的作用下，将氨基酸的氨基转移到 α-酮戊二酸上，生成 α-酮酸，α-酮酸再经过脱羧酶的脱羧作用和 $NADH_2$ 脱氢酶的还原作用，生成比原来氨基酸少一个碳的高级醇，如亮氨酸生成异戊醇、缬氨酸生成异丁醇、苯丙氨酸生成 β-苯乙醇。

$$RCH(NH_2)COOH + R'C(=O)COOH \xrightarrow{\text{转氨酶}} RC(=O)COOH + R'CH(NH_2)COOH$$

$$RC(=O)COOH \xrightarrow[\text{脱羧酶}]{} RCHO + CO_2$$

$$RCHO \xrightarrow[\text{脱氢酶}]{NADH_2 \to NAD} RCH_2OH$$

（2）合成代谢途径　在氨基酸合成途径中，以糖代谢途径生成 α-酮酸，α-酮酸与 NH_3 反应可以生成氨基酸。但是 α-酮酸也会在酮酸脱羧酶作用下脱羧，然后在乙醇脱氢酶的作用下进一步还原，形成相应的高级醇。现以缬氨酸和异丁醇的合成过程举例说明如下：

$$\underset{\text{丙酮酸}}{CH_3C(=O)COOH} + CH_3CHO—TPP \xrightarrow{TPP} CH_3C(CH_3)(COCH_3)... $$

$$CH_3—C(=O)—COOH\ (\text{丙酮酸}) + CH_3CHO—TPP \xrightarrow{TPP} CH_3—CHOHCOOH\ (COCH_3) \xrightarrow{\text{还原分子重排}} CH_3—COH(CH_3)—CHOHCOOH$$

2,3-二羟基异戊酸

$$(H_3C)(CH_3)CH—CO—COOH\ (\alpha\text{-酮基异戊酸}) \xrightarrow{-CO_2} (H_3C)(CH_3)CH—CHO \xrightarrow{NADH_2 \to NAD} (H_3C)(CH_3)CH—CH_2OH\ (\text{异丁醇})$$

$$\alpha\text{-酮基异戊酸} \xrightarrow[+NH_2]{\text{转氨酶}} (H_3C)(CH_3)CH—CHNH_2—COOH\ (\text{缬氨酸})$$

高级醇是酒类重要的香味和口味物质之一，但高级醇过量存在也是酒类异杂味的来源之一，还会使饮后易上头。黄酒中的高级醇主要为异戊醇（3-甲基丁醇）、苯乙醇、异丁醇（2-甲基丙醇）、2-甲基丁醇、丙醇等。大罐发酵中约 80％的高级醇在发酵前 4 天生成，中后期缓慢上升。

2. 影响高级醇含量的因素

（1）酵母品种　不同酵母菌株之间，高级醇生成量的差异很大。

（2）酵母在发酵中的增殖倍数　高级醇是酵母合成细胞蛋白质时的副产物，因此，发酵时酵母增殖倍数越大，合成细胞的副产物高级醇含量越高。有关研究认为：当接种量小于 1.0×10^7 个/mL 时，接种量越小，酵母增殖倍数越大，高级醇含量越高。但当接种量大于 1.0×10^7 个/mL 时，接种量增大，高级醇含量也会增加。

（3）主发酵温度　发酵前期是酵母的增殖阶段，有关研究认为，当发酵温度低于 30℃时，温度越高越有利于酵母的生长繁殖，高级醇的含量随温度的升高而增加；当发酵温度高于 30℃时，温度升高不利于酵母的生长繁殖，高级醇含量随温度的升高而下降。但发酵温度高对细菌生长有利，且酵母易早衰，易引起发酵醪酸败。

（4）发酵醪的搅拌　搅拌增加发酵醪的含氧量，促进酵母菌的增殖，也会导致高级醇的增加。

（5）发酵醪中的氨基酸含量　发酵醪中的氨基酸含量过高，由伊里希途径形成的高级醇增加。但当发酵醪中的氨基酸含量过低时，酵母通过糖代谢走酮酸路线合成必需的氨基酸，用于合成细胞的蛋白质，当缺乏合成能力或氨不足时，就会导致由酮酸形成高级醇。

七、脂肪的变化

糙米和小麦都含有约 2%的脂肪，脂肪氧化后会损害黄酒风味。大米经过精白后，其脂肪含量减少，在发酵过程中，脂肪被微生物脂肪酶作用，分解成甘油和脂肪酸，甘油给予黄酒甜味和黏性，脂肪酸受到微生物的氧化作用而生成低级脂肪酸，脂肪酸与醇结合形成酯。黄酒中的游离脂肪酸以软脂酸、硬脂酸、己酸和癸酸等为主，此外，含有少量的庚酸、辛酸、壬酸、肉豆蔻酸、月桂酸、十五酸和十九酸等。

八、酯的形成

酯类物质是构成黄酒芳香味和风味的主要成分，黄酒中酯的种类很多，已定量分析的有 30 多种，含量最高的酯为乳酸乙酯，其次为乙酸乙酯、琥珀酸二乙酯、丁二酸二乙酯等。酯的形成有生物合成和化学反应合成两条途径：化学反应合成是由有机酸与醇类物质通过酯化反应缓慢形成酯；生物合成是由酵母先形成酯酰辅酶A，再在酵母酯酶催化下与醇类物质形成酯。有关研究认为：发酵过程对乙酸乙酯等中低沸点酯形成的贡献大于贮存过程，而对于乳酸乙酯、丁二酸二乙酯等高级酯，则贮存过程中的贡献较大。

九、氨基甲酸乙酯的形成

氨基甲酸乙酯（ethyl carbamate，EC）广泛存在于各种发酵食品与酒精饮料中，是黄酒中的微量有害组分。1985年加拿大政府卫生组织规定了饮料酒中EC的限量：佐餐葡萄酒＜30μg/L；加强葡萄酒＜100μg/L；日本清酒＜100μg/L；烈性酒和水果白兰地＜400μg/L。

在酒精饮料中，EC的前体物质主要有氨甲酰化合物和氰化物。氨甲酰化合物包括尿素、瓜氨酸、氨甲酰磷酸、氨甲酰天冬氨酸等。现有的研究认为，黄酒中EC的主要前体物质为尿素，其次为瓜氨酸。黄酒中瓜氨酸含量虽然也较高，但瓜氨酸转化生成EC的速率远小于尿素转化生成EC的速率。氨甲酰化合物与乙醇反应生成EC的反应式为：

$$R \cdot CO \cdot NH_2 + C_2H_5OH \rightarrow NH_2 - CO - C_2H_5 + R \cdot H$$

EC前体物质部分来源于原料，但主要来源于酵母和乳酸菌的精氨酸代谢。酵母的精氨酸代谢途径如图5-2所示，精氨酸在胞内精氨酸酶（*CAR1*基因编码）的作用下降解生成尿素和鸟氨酸，尿素会在脲基酰胺酶（*DUR1*、*DUR2*编码）的作用下降解为NH_3和CO_2，而由于谷氨酸、谷氨酰胺和天冬酰胺等优势氮源的存在，酵母对尿素的利用受到抑制，大部分由细胞膜上转运蛋白（*DUR4*编码）转运出胞外，在发酵醪中与乙醇反应形成EC（氨基甲酸乙酯）；生成的鸟氨酸与氨甲酰磷酸会在鸟氨酸氨甲酰转移酶的作用下生成瓜氨酸。

十、精氨酸的形成

瓜氨酸还来源于异型发酵乳酸菌的精氨酸脱亚氨基酶代谢途径（arginine deiminase，ADI途径）。有关研究表明，从黄酒发酵醪中分离到的许多乳酸菌存在ADI途径，能够降解精氨酸生成瓜氨酸。EC的生成量与前体物质浓度、反应温度和时间有关，前体物质浓度高、反应温度高、反应时间长都会使EC的含量增加。在发酵过程中，一部分尿素开始与乙醇作用生成EC，当黄酒压滤后，煎酒灭菌和贮酒陈酿时，EC的形成量继续增加。

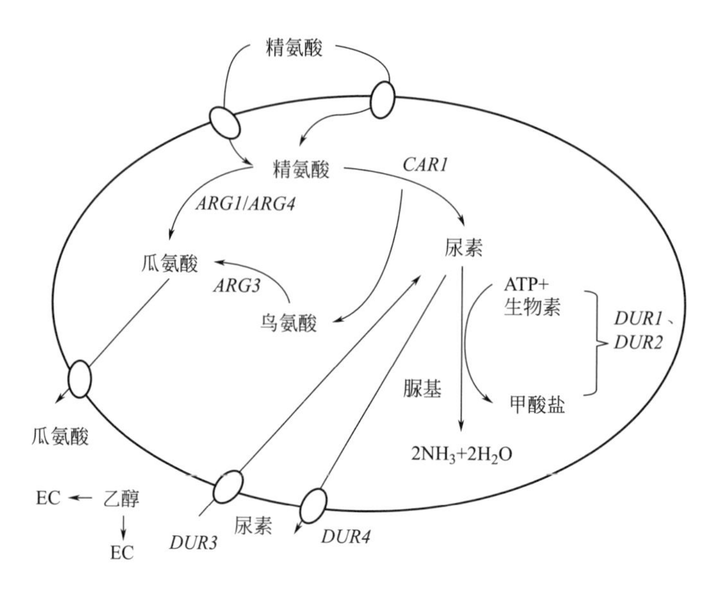

图 5-2　酵母的精氨酸代谢途径

1. 基因工程

选育低产或不产尿素的黄酒酵母进行发酵，通过传统育种或基因工程育种，削弱酵母精氨酸酶的活性或强化脲基酰胺酶的活性，使酵母低产或不产尿素，从而降低酒中 EC 的生成量。采用基因工程手段，改造酵母的 *CAR1*、*DUR4*、*DUR1*、*DUR2* 或 *DUR3* 基因，可构建低产尿素的工程菌。采用基因工程"自克隆"技术，不引入外源基因，通过增强 *DUR1*、*DUR2* 基因表达构建的低产尿素葡萄酒酵母工程菌，使生产的葡萄酒 EC 含量下降 89%，美国 FDA（食品和药物管理局）、加拿大公共卫生署及环境保护署批准了其商业用途。

2. 添加酸性脲酶

添加酸性脲酶把酵母产生的尿素及时分解掉。

3. 精选原料

选用尿素和精氨酸含量低的原料，减少麦曲用量，控制杀菌温度和时间，降低贮酒温度，也能在一定程度上减少 EC 的生成量。

4. 物理吸附

物理吸附或添加 EC 分解酶去除已生成的 EC，目前的吸附材料虽然去除 EC 的效果较好，但对酒的风味影响较大；微生物 EC 酶可以直接将 EC

降解为氨和乙醇，但由于目前的 EC 酶耐酸和耐酒精能力较差，还无法应用于实际生产。

十一、生物胺的形成

生物胺（biogenic amines，BA）是一类含氮的低分子量有机化合物的总称，存在于各种动植物组织和多种食品尤其是发酵食品中。根据其化学结构可分为 3 类：腐胺、尸胺、精胺、亚精胺等脂肪族胺；酪胺、苯乙胺等芳香族胺；组胺、色胺等杂环胺。根据其组成成分又可分为单胺和多胺，单胺主要有酪胺、组胺、腐胺、尸胺、苯乙胺、色胺等，多胺主要包括精胺和亚精胺。

生物胺是生物体内正常的活性成分，在体内起着重要的生理作用。适量的生物胺有利于人体健康，但过量的生物胺会危害人体健康，对神经、心血管系统造成损伤，产生头痛、心悸、呼吸紊乱、血压变化、呕吐等严重反应。在生物胺中组胺毒性最大，其次为酪胺，腐胺、尸胺、精胺、亚精胺等生物胺没有直接毒性，但在一定条件下可增强组胺和酪胺的毒性。美国 FDA 确定组胺的危害作用水平为 500mg/kg。欧盟对食品中生物胺的限量标准：组胺不超过 100mg/kg，酪胺不超过 100～800mg/kg。在酒类产品中，目前只有葡萄酒的限量标准：德国 2mg/L，荷兰 3.5mg/L，法国 8mg/L，瑞士和澳大利亚 10mg/L。黄酒中的生物含量比葡萄酒高，对 12 个不同企业、不同工艺黄酒样品中生物胺检测结果见表 5-2。

表 5-2　黄酒样品中生物胺含量　　单位：mg/L

样品	色胺	苯乙胺	腐胺	尸胺	组胺	酪胺	亚精胺	精胺	总量
1	1.24	3.33	27.19	1.46	4.18	20.24	0.91	ND	58.56
2	0.80	0.64	6.92	1.55	5.10	3.38	0.22	ND	18.60
3	0.75	0.90	11.0	0.64	7.16	8.48	0.55	ND	29.48
4	0.45	2.46	41.5	4.72	5.32	50.15	0.58	0.15	105.33
5	0.42	2.22	49.71	2.85	10.73	77.25	0.27	0.24	143.69
6	0.42	4.41	87.81	4.36	5.46	17.62	0.97	0.28	121.33
7	0.85	8.20	50.45	15.79	9.39	15.71	1.12	1.52	103.03
8	0.68	7.20	27.61	5.51	4.06	15.35	8.26	1.67	70.34
9	2.01	3.46	8.73	1.92	1.91	16.04	ND	0.09	34.14
10	1.66	6.85	20.05	4.43	3.43	12.03	0.83	1.59	50.87
11	ND	3.85	52.85	5.81	7.52	24.30	ND	0.15	94.46
12	10.12	5.28	62.62	6.66	9.83	43.34	0.97	1.56	140.38

生物胺主要由相应氨基酸在脱羧酶的作用下经过脱羧反应转化而来。目前在乳杆菌属、片球菌属、乳球菌属、链球菌属、肠球菌属、梭菌属、克雷伯菌属、埃希菌属、假单胞菌属等微生物中均发现含有氨基酸脱羧酶的基因。关于葡萄酒和酱油中生物胺形成的研究表明，生物胺主要由乳酸菌产生，黄酒发酵为开放式发酵，有大量细菌参与发酵，发酵过程中生物胺含量的变化如图 5-3 所示，呈先上升后下降的趋势。发酵后期生物胺下降与生物胺被微生物分解有关，有关研究认为，乳酸菌等微生物同时具有生成和分解生物胺的氨基酸脱羧酶和氨氧化酶。

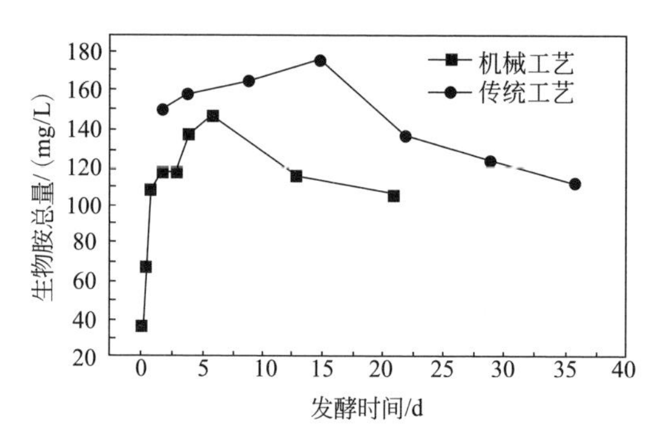

图 5-3　发酵过程生物胺含量的变化

目前，在发酵食品生产中，主要采用无氨基酸脱羧酶微生物发酵或通过控制产氨基酸脱羧酶微生物生长来降低食品中生物胺含量。在葡萄酒生产中，加拿大和美国已开始应用能同时完成酒精发酵和苹果酸-乳酸发酵的转基因酵母菌，该酵母菌接入了来源于乳酸菌的苹果酸-乳酸酶基因，使葡萄酒生产中不需再接种乳酸菌，从而降低了葡萄酒中生物胺含量。黄酒中生物胺控制技术的研究较少，据推测，通过在机械化黄酒生产中使用快速发酵酵母菌及接种不产生物胺的乳酸菌发酵，在传统黄酒工艺中强化优良酵母菌来更好地抑制杂菌生长，可能对降低黄酒中的生物胺有一定效果。

第三节　传统发酵工艺

传统法酿造绍兴元红酒，主要工艺特点是使用淋饭酒母和摊饭操作法来生产，每年小雪前后（11 月下旬）投料，至立春（次年 2 月初）榨酒，发酵期长达 70～80d，发酵容器为陶质的大缸、大坛，在大缸中进行前发酵和主发酵，在大坛中进行缓慢的后发酵。

现将酿造方法介绍如下：传统配方中用“三浆四水”，即在每缸用水的总质量中，米浆水和清水的比例是 3∶4。配料米浆水一般只利用当年新米所浸的浆水，不用陈米浆水，以防止混入杂味。现在许多酒厂已不用浆水配料。有关研究表明，以米浆水配料能加快发酵速度，并且使成品酒中氨基酸（特别是精氨酸、丙氨酸、亮氨酸）、乳酸乙酯、β-苯乙醇、甲醇含量增加较明显。

具体工艺如图 5-4，具体加工步骤如下。

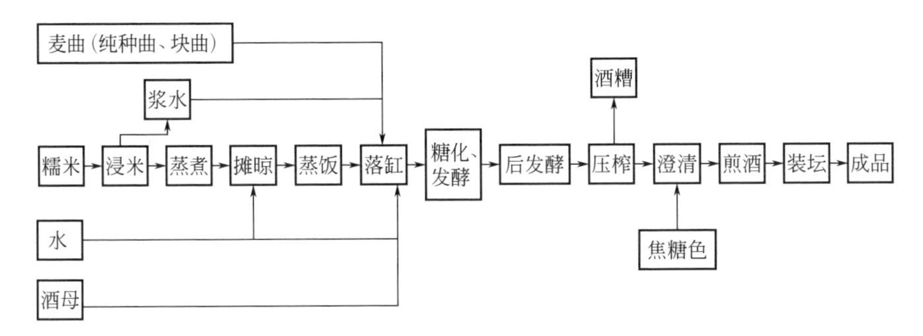

图 5-4 传统黄酒发酵工艺流程

一、浸米

以前浸米在大缸中进行，每缸 288kg，供两缸投料用；现在多采用碳钢或不锈钢大罐浸米。若用碳钢，则需在内层涂上防腐材料，一般采用环氧树脂或用新型的 T-541 涂料。浸米时要注意浸渍水应高出米层表面 5～10cm，防止吸水后米层露出水面。由于浸米时间长达 15～20d，浸米过程中应经常注意米的吸水程度和水的蒸发情况，及时补水，勿使米层露出水面。浸米期间，要捞去液面的菌醭，防止浆水发臭。

浸米的目的不仅使米充分吸水膨胀，便于蒸煮，更是为了使米酸化并取得配料用的酸浆水。米中含少量糖分，以及米粒本身含有的淀粉酶作用，使淀粉在浸米过程中变成糖，糖分逐渐溶解到水里，被乳酸菌利用进行缓慢发酵生成有机酸，形成酸浆水。浸米 15～20d，总酸（缸心取样）由原来的 0.3g/L 上升到 12～14g/L。与此同时，微生物所含的蛋白酶也在水中不断作用，将米表面的蛋白质分解成氨基酸，使浆水中含有多种游离氨基酸。

取用浆水是在蒸饭的前一天。把浆水与米分离，浸渍后的米无须淋洗，这样可以起到调节酒醪酸度的作用。对于浸米罐，只需打开阀门，让浆水自行流出，并集中起来。大缸浸米取用浆水，用水管将表面浸渍水冲除，然后用尖头的圆木棍将米轻轻撬松，再用一高 85cm、顶部口径 35cm、底部口径 25cm 的圆柱形无底木桶（俗称“米抽”）慢慢摇动插入米层，并立即挖出米抽中的米，汲取浆水，至下层米实处，将米抽向上提起再插下，并及时汲取浆水。这一操作要求越快越好，做到浆不带米、米不带浆，并注意避免米粒破碎。汲出的浆水再用清水稀释，调节总酸不超过 7.6g/L，澄清一夜后取上清液作配料。一般一缸浸米约可得 160kg 的原浆水，每缸原浆水再掺入 50kg 清水。如果天气严寒，总酸未超过标准或略超出一点，就不再掺清水。

二、蒸煮

将沥去浆水的糯米用挽斗从缸中取出，盛于竹箩内。将每缸米平均地分装成 4 甑蒸煮，每 2 甑原料酿造一缸酒。目前，蒸饭已普遍使用卧式或立式连续蒸饭机，并且以卧式蒸饭机为多。采用卧式蒸饭机蒸饭，因米层较薄且均匀，故饭的质量容易控制。但从能源利用率上来说，立式蒸饭机的蒸汽利用率较高。所蒸米饭要求达到外硬内软，内无白心，疏松不糊，透而不烂且均匀一致。饭蒸得不熟，饭粒里面有生淀粉，淀粉的糖化不完全，会引起不正常的发酵，使成品酒的酒精度降低而酸度增加，这样不仅浪费原料，而且影响酒质。但是，饭蒸得过于糊烂也不好，不仅浪费了蒸汽，而且容易结成饭团，不利于糖化和发酵，也会降低酒质和出酒率。

三、摊晾（冷却）

米饭摊冷或鼓风降温的要求是品温下降快而均匀，不产生热块，更不允许产生烫块。若冷却时间长，米饭就可能被空气中的有害微生物侵袭，而且糊化后的淀粉在常温下放置较长时间后，会逐渐失水，淀粉分子间重新组成氢键而形成晶体结构，这种现象称为米饭的老化或回生。老化后的淀粉不易被酶作用。粳米和籼米直链淀粉含量高，更易产生老化现象，冷后的饭温高低依据气温的不同而调整，常控制在 50～80℃的范围内。

四、落缸

缸及工具须预先清洗干净，并用石灰水、沸水灭菌。在落缸前一天，先将投料清水盛入缸中备用，落缸时分两次投入经冷却后的米饭。第一批米饭倒入后，搅拌打碎饭块；第二批米饭倒入并搅散饭块后，依次投入麦曲、酒母和浆水。搅拌均匀，然后将物料翻盘到相邻缸中（俗称“盘缸”），并继续把留下的饭团捏碎，使缸中物料和品温更加均匀一致。落缸后物料品温一般掌握在26～29℃，应根据气温适当调整，同时按照落缸时间的先后，可对品温和酒母使用量做适当的控制。

五、糖化、发酵

麦曲中的淀粉酶和淋饭酒母即开始糖化与发酵作用。前期主要是酵母的增殖，温度上升缓慢，应注意保温，一般除盖稻草编缸盖和围稻草席外，上面还罩上塑料薄膜。元红酒的发酵属于典型的边糖化边发酵，糖化温度等于酵母的发酵温度，因此糖化与发酵是交替进行的，这样，糖分不致积累过多。经过长时间的发酵后，可形成高的酒精度，并且淀粉被糖化、发酵得较为彻底，这是黄酒酿造的特点。

1. 主发酵

一般经过10多个小时，醪（醅）中酵母细胞已经繁殖了很多，开始进入主发酵，由于酵母的发酵作用，大量的糖分变成酒精和CO_2，并放出大量的热量，温度上升较快。缸里可听到发酵响声，并会产生气泡把酒醅顶到液面上来，形成醪盖，取发酵醪品尝，味鲜甜略带酒香，此时注意品温变化，及时开耙。

2. 开耙

开耙有高温和低温两种不同的方式。高温开耙待醪的品温升高到35℃以上才进行第一次搅拌（开头耙），使品温下降。低温开耙是品温升至30℃左右进行第一次搅拌，发酵温度最高不超过30℃。开耙品温高低掌握得不同，会影响到成品酒的风味。高温开耙因发酵温度较高，前期发酸速度较快，但酵母易早衰，使发酵能力减弱，酿成的酒含有较多的浸出物，口味较浓甜，俗称热作酒，又叫甜口酒。低温开耙的发酵比较完全，成品酒的酸味较低而酒精度较高，易酿成没有甜味的辣口酒，俗称冷作酒。头耙后品温显著下降，以后各次开耙应视发酵的具体情况而定，如室温低，品温上升慢，应将开耙时间拉长些；反之，把开耙的间隔时间缩短些。

3. 后发酵

四耙后，一般在每日早晚搅拌两次，主要是降低品温和使糖化发酵均匀进行。但为了减少酒精的挥发损失，在气温低时，应尽可能少开耙。经5～6d，品温和室温接近，糟粕下沉，主发酵阶段已结束，由搅拌期转入静置期，将酒醪搅拌均匀后分装在酒坛中进行长期后发酵（养醅）。每坛约装20kg，坛口盖上一张荷叶，3～4坛堆为一列，堆置在室外，最上层坛口加盖一小瓦盖。为保证后酵发酵的均匀一致性，堆在室外的半成品坛应注意适当控制向阳和背阴的堆放处理。

4. 物质变化

元红酒在发酵过程中，其主要的物质变化大致如下。

（1）酒精度　在头耙至四耙间，酒精度上升极快，几乎成直线增加，落缸2～3d，酒精度即达10%（体积比）以上，以后增长速度渐趋缓慢。而冷作酒在前期酒精度上升并不快，但到搅拌期结束，两者酒精度相近。

（2）还原糖　开头耙时，醪中还原糖达60～80g/L，但在主发酵期中直线下降，降至10g/L左右时，还原糖的增长与消耗便达到平衡状态。

（3）总酸　在冬酿低温季节，当酒醪的酒精度达7%～10%（体积比）时，总酸增长已极缓慢。若生产正常，至压榨时酒醪的总酸一般均在7.0g/L（以乳酸计）以下。但气温一旦转暖，酒醪的总酸又会很快上升，必须抓紧榨酒。

（4）淀粉酶活性　淀粉酶活性并不因酒精度的升高而受影响。从静置养醅期开始，淀粉酶活性有所下降，主要是品温的下降、pH的降低和时间的延长所造成的，而与酒精度的升高关系不大。

（5）酵母消长　依落缸时加入的酒母量计算，醪中酵母数约为0.1亿个/mL，开头耙时，仅17～20h后，酵母已增殖到5.4亿个/mL，前期酵母数在5.4亿～8.5亿个/mL，后期酵母沉于坛底，难以检查出规律。酒醪中酵母死亡率一般较低，在1%～5%。

六、压榨、澄清

经过70～80d的发酵，酒醅已经成熟，用木榨或压滤机对酒醅进行固液分离，称为压榨。

1. 压榨时间

对酒醅的要求受气温等多种因素的影响，使得酒醅的成熟期长短不同。黄酒压榨要求酒醅成熟后进行，不够成熟则酒糟与清液难以分离，造成压榨困难及清酒的混浊；而压榨不及时，则总酸偏高甚至变质，称为“失榨”。

2. 压榨要求

（1）酒醅的搭配　需压榨的酒醅，原则上应按先后次序顺序进行压榨。但由于黄酒的发酵操作和温度控制等多方面的原因，酒醅与酒醅之间会产生一定差别，特别是口味上。因此，在压榨前一般要对酒醅进行搭配调整。搭配主要是根据理化指标的化验结果进行，也要注意口味间的不同，使各批次的酒质趋于统一，使一些指标上有轻微不合格的酒能达到规定的要求。

（2）压榨要求　对压榨的要求主要有生酒澄清、糟饭干燥和时间长短3个方面。时间的长短又取决于“清和干”，如果不干不清，起不到压榨作用，既会影响酒的质量，又会影响出酒率。

（3）压榨设备　在传统黄酒的生产中，压榨是用木榨进行的，压榨时将待过滤的醪液灌入绸袋，放入木榨的木框内，在榨杆的一头添加石块，使清液流出。木榨结构简单，造价低，平日不用时可拆散堆放，但压榨时间长，生产能力低，劳动强度大，故20世纪70年代以后黄酒生产厂开始用间歇式压滤机代替木榨进行压榨，目前所用的压榨机普遍为板框式气膜压滤机。

3. 澄清

榨出的酒液称为生酒或生清。加入0.1%～0.2%的糖色，搅拌后静置2～3d，使少量微细的悬浮物沉入酒池或罐底，使酒液澄清。澄清须在低温下进行，且时间不宜过长，以防酒质变坏，经澄清后的酒液，尚有一些不易沉淀的悬浮物存在，一般还要经过硅藻土过滤。生酒在澄清过程中，酒质会发生变化，一般刚压榨的生酒，品尝时酒味感到粗而辛辣，随着澄清期的延长，酒味逐渐变为甜醇，主要是由于淀粉酶将残余糊精和淀粉分解成糖；蛋白质水解酶把蛋白质、肽分解为氨基酸所致。由此可见，延长澄清期对促进酒的老熟起到一定的作用，但要防止酒质酸败。

七、煎酒、装坛

将澄清的酒液用列管式换热器或薄板换热器加热到90～92℃，以杀灭酒液中的微生物和破坏残余的酶，并使部分蛋白质受热凝固析出，低沸点的生酒味成分被挥发排除。装酒的陶坛预先洗干净并用蒸汽灭菌，趁热灌入灭过菌的热酒。目前，第一台坛酒自动灌装设备已在浙江古越龙山绍兴酒股份有限公司应用，实现自动灌装和计量。灌坛后酒坛口立即用煮沸灭菌的荷叶覆盖，再盖上小瓦盖，包以沸水杀菌后的箬壳，用细篾丝扎紧坛口，运至室外，用黏土做成平顶泥头封固坛口，俗称“泥头”。该泥由黏土、盐卤及砻糠三者捣成。待泥头干燥后，运入仓库贮存。黄酒机械化酿造以其占地面积小、质量相对稳定、劳动强度低等优点，已逐渐被具有较强实力的企业所采用。该酿造技术是在传统工艺生产的基础上发展起来的，开始采用部分技术改造和单项技术革新。

第四节 新发酵工艺

新工艺黄酒是总结了二十世纪四五十年代以来的科学技术成果发展起来的。采用纯种全曲加酒母发酵操作法，其设备是机械化生产，具有与传统工艺不同的生产条件，因而操作工艺也有所不同，其主要不同之处如图 5-5。

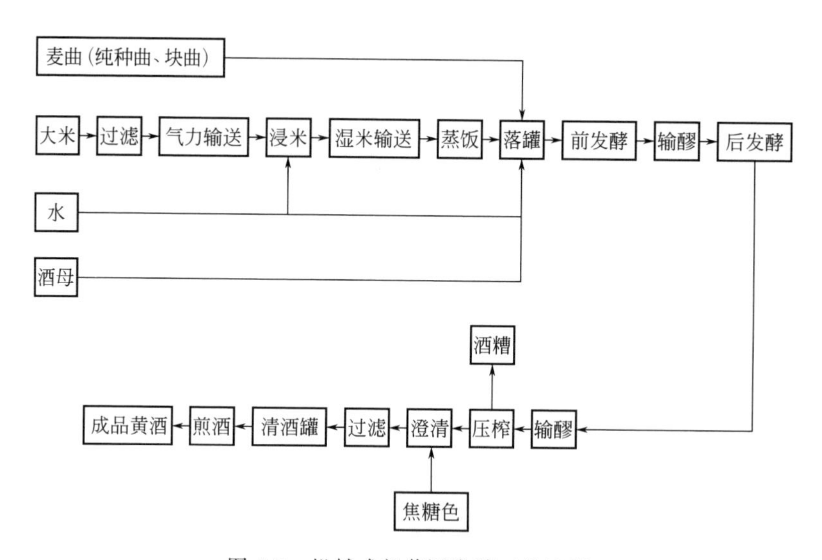

图 5-5　机械式新黄酒发酵工艺流程

一、浸米

传统绍兴酒酿造工艺的浸米时间一般为 18～20d。其目的除了使米吸水膨胀外，还起到使乳酸菌发酵产生促进酵母繁殖的物质的作用，由于浸米是处于冬季和露天工场的条件下，其温度低，乳酸菌繁殖缓慢，因此需要的时间较长。这种浸米方式需要大量的浸米场地和容器，同时长时间的浸渍，使一部分米淀粉溶解在水中，其损失率较高，达4%～5%，显然是一个缺点。而新工艺的浸米，为了达到与传统浸米相同的目的，避免其缺点，采取了接种老浆和适温培养乳酸的措施，可大大缩短浸米时间。经过试验，在室温20～25℃、浸米水温为23℃的条件下，浸米48h，基本上可以满足浸米的要求，故新工艺的浸米时间一般采取2d（48h）。当然，根据不同原料和生产酒种还可以适当调节浸米时间。总之，新工艺的浸米时间的控制是以原料品种、生产酒种、室温、水温为转移的，不能把老工艺的浸米时间机械地搬过来。

二、洗米、淋米

新工艺的洗米、淋米装置，是为适应采用不带浆蒸饭工艺而设的，对于采用传统的沥浆蒸饭工艺来说是没有必要的。

三、蒸饭

新、老工艺的蒸饭工序都可采用蒸饭机。但是不同原料，应选用不同类型的蒸饭机，工艺控制条件也需要相应的改变。对糯米和粳米来说，都可采用立式或卧式蒸饭机；对籼米来说，因吸水率比糯米、粳米高，仅靠浸米时的吸水量，不能满足米粒充分膨胀糊化的需要。为此，籼米蒸饭需蒸二遍，第一遍蒸后吃一次水，再蒸第二遍。蒸饭机可采用立式与卧式连在一起的型式，但立式机与卧式机之间需加一道吃水（加水）装置，饭从立式机出来经吃水后，再落入卧式机，重蒸一遍。也可以采用双联立式蒸饭机，饭由上一台立式蒸饭机出来后，经一段2m长的绞龙，淋入适量的热水，再送至下一台立式蒸饭机。

四、前发酵

前发酵温度控制及开耙前发酵温度的控制包括升温时间、升温幅度、开耙换气与降温等项，这是如何使发酵温度、供氧条件等适合曲糖化和酵母发酵的双边发酵能平衡进行的问题。在老工艺中，不同原料，不同酒种，不同自然温度，操作方法是不同的，甚至不同的技工师傅，也有不同的操作法。所以，只能规定一个控制幅度，要因情制宜、机动灵活地加以掌握，并要不失时机地加以适当的处置。在新工艺中，生产设备条件变了，发酵温度控制及开耙，受到原料品种、投料量、罐型、制冷条件、生产酒种等多因素制约。本节所介绍的控制指标也只是一定条件下的参考，条件变了也应随之改变。此外，还要注意摸索适宜的发酵温度，决不能机械地生搬硬套。

五、后发酵

后酵的时间是后发酵的时间，新工艺比老工艺短得多。这主要是因为新工艺发酵基本上属于“前急后缓”型，发酵成熟后，就可压榨成品，没有必要占用发酵罐继续存放下去。而老工艺的后发酵一般是放在酒坛中进行的，名为“带糟”。这些带糟露天放置，不占建筑面积，不需调节温度，而且每只酒坛，只能容20kg左右的发酵醪，坛内温度易于散发。所以后酵时间可以长一些，以利于酒的老熟。

下面以某酒厂为例，介绍一下具体操作。

为了提高米的精白度，对精白度不符合要求的大米原料，应予重碾(可按不同的碾米机性能进行操作)。精米后，筛出的糠秕及碎米，可制白酒或另作他用。

（一）计量

精米操作完成后，将精白米装入麻袋中，以每袋100kg包装。然后按包点数，作为投料数量。

（二）输米

将精白米输送至高位贮米罐，以便放入浸米罐。该工序叫输米工序。气力输送的操作如下：

① 水箱放入水，转动几下联轴器，确定真空泵正常，即可准备操作。

② 将大米运到料斗旁，在空料斗内，先放入400kg大米。

③ 关好排料、充气、吸料三阀门，保持管路密封。

④ 打开进水阀，打开抽气阀。

⑤ 开动电动机，读真空表数字，当真空度达到600Pa以上时，开吸料阀，开始输米。

⑥ 调节二次进风，使真空度达400～450Pa，使输料平稳。

⑦ 按贮米罐容积，每输送16包米（1600kg），即停机，待储米罐内米

放尽后再第二次输米，直到把本班原料全部输完为止。

⑧ 吸料完后续吸 1min，使余米吸净。

⑨ 关闭进水阀，打开充气阀，停机。

⑩ 进行整理、清洁、设备养护工作。

（三）浸米

1. 时间

浸米时间，绍兴酒类型浸米温度保持 25℃左右，一般浸米 48h。其他黄酒生产适宜的浸米时间，最好根据不同的大米品种，通过试验得出结论。将浸米罐冲洗干净后，关好阀门，吸取老的米浆水约 250kg，再放清水至预放水标记数（指水面能高出米面 10～15cm 的经验数标记）。

2. 调整

在浸米时间短于传统操作的条件下，为尽快地让乳酸菌生长、繁殖，提高米浆水的酸度，使米淀粉酸化，需要创造乳酸菌生长适宜的温度条件。因此，要对浸米间的室温和水温进行调节，浸米间的室温尽可能保持在 20～25℃，在室温较低的情况下，门窗应予密闭，出入门应加一道棉帘，并备有暖气或靠壁电炉。

在上述室温的条件下，浸米水温（以米浸入后的温度为准）控制在 23℃左右较为适宜。再压蒸汽软管，连接蒸汽管道，一端通入浸米罐的水中，然后打开蒸汽管阀门，对浸米水进行加热。在米温低于 23℃时，加热水温应高于 23℃，以使米浸入后，水温能达到 23℃左右。当室温低于 20℃时，亦可用提高水温的办法来调节。水温调节好后，抽出高压蒸汽软管，进行放米入罐操作。打开高位贮米罐阀门，放米入罐，耙平米面，调整水位，使水面高出米面 10～15cm。

3. 质量

浸米 48h 后，如达不到要求，应加强保温工作，适当延长浸米时间，待达到要求后，再蒸饭较为稳妥。米浆水酸度大于 0.3g/100mL（以琥珀酸计）；米浆水略稠，水面出现白色薄膜。

（四）洗米、淋米

① 清除黏稠液体，使米不结团，以利于蒸汽穿透及使米全部蒸熟。

② 要求浆水淋清、沥干。

③ 从浸米罐表面，用皮管吸出部分老浆水，供下次浸米用。

④ 把浸米罐出口阀套上食用橡胶软管，软管头部搁置于振动筛上。

⑤ 打开浸米罐底部出口的自来水阀，让自来水冲动罐锥底部的米层。

⑥ 打开浸米罐出口阀门，米流入振动筛槽；打开淋米用的自来水阀门，放水冲洗至浆水淋净，并在振动筛槽中沥干，方能蒸饭。不准带浆水下蒸饭机。

⑦ 米浆水从振动筛槽沥下，汇集到下面米浆水沉淀罐中，取浓厚液作饲料。

⑧ 米放完后，用自来水冲尽余米，把浸米罐冲洗干净，然后关住出口处的自来水冲激阀门和浸米罐出口阀门。

⑨ 洗米完毕后，搞好清洁卫生工作和设备维护保养工作。

（五）蒸饭

1. 蒸饭的要求

① 米饭颗粒分明，外硬内软，内无白心，疏松不糊，熟而不烂，均匀一致。

② 出饭率，淋饭 168%～170%，风冷饭 140%～142%。

2. 立式蒸饭机蒸饭操作

① 蒸饭前，须将淌饭机（振动式淋饭、落饭装置）、加曲机、落饭溜槽等各种器具，用沸水罐中制备好的 100℃沸水消毒灭菌。

② 蒸饭前，要求蒸饭机蒸汽总管的蒸汽压力为 0.441MPa。打开蒸汽阀门，空排一次蒸汽，以提高机内温度和湿润度。

③ 米经洗米、淋米装置落入蒸饭机，当落下约为 300kg 时，打开下层中心汽管和下汽室蒸汽阀门，继续落米。

④ 落米后需闷蒸 10～15min，待米熟透，达到蒸饭要求，再打开上中心管和上汽室的蒸汽阀门，作正常操作，即下面从唇形口出饭，上面继续落米，并根据米质的软、硬调节用汽量。

⑤ 每隔 10min 左右，从唇形出饭口勾取饭样，进行外观和指碾检查，如成熟程度不够，应放慢出饭速度。投 2000kg 米，蒸饭时间一般需要 1h，或稍长一点。

⑥ 蒸饭结束后，关闭蒸汽，冲洗蒸饭机，清除设备上的饭粒。

（六）淋饭落罐

1. 淋饭的品温

应随不同的室温进行控制（见表 5-3）。

表 5-3　不同室温的米饭淋水冷却温度

室温/℃	0～＜5	5～＜10	10～＜15	15～20	20 以上
饭温/℃	27～28	26～27	25～26	24～25	接近于 24

2. 落罐的品温

品温亦应随不同的室温进行控制（见表 5-4）。

表 5-4　不同室温的落罐温度

室温/℃	0～＜5	5～＜10	10～＜15	15～20	20 以上
饭温/℃	27±0.5	26±0.5	25±0.5	24±0.5	接近 24

3. 普通黄酒

参考配方（以大米 100kg 计）：大米 100%，生块曲 9%，纯种熟曲 1%，酒母 10%（由 3kg 大米制成），清水 209%（包括浸米吸水、蒸饭吸水、落罐配料水）。

（1）准备工作

① 灭菌。用 100℃水将前酵罐和各种工具进行灭菌，为了灭菌彻底，可选用下列灭菌方法。

a. 漂白粉法。发酵罐用 2%～4%的漂白粉溶液进行灭菌，再用清水冲净。

b. 甲醛法。一只 15m^3 的前酵罐，需高锰酸钾 50g，甲醛 100mL。由两人配合操作：一人先将甲醛加入吊桶，平稳地放到罐底，另用棉纸包好高锰酸钾，用线吊放至搪瓷桶内，与甲醛接触后，吊桶内立即冒烟；另一人迅速盖上罐盖，取棉纸密封罐口。密封 12～24h 后，打开罐盖，取出吊桶，灌满清水，以排尽甲醛气体。然后，再放净清水，即可作为投料用罐。

② 制备好酒母。酒母罐出料口用食用橡胶软管接向投料罐。

③ 捣碎块曲。搓碎纯种熟曲，按配方计重，运至加曲斗旁。

④ 定水。用水计量，罐中放好定量水，调节温度至落罐品温。

⑤ 投放块曲。在投料的前酵罐中，先放入温度符合要求的配料用水 1t，再放入块曲 50kg，酒母醪 120kg，以便浸出曲中的酶和稀释酵母。这样，可使米饭落到罐内接触酶液，开始糖化、发酵，让酵母提前建立繁殖优势。

（2）落罐

① 配料。随着熟饭从蒸饭机中出来，打开淋水阀，将饭淋水冷却；开动振动落饭装置，让冷却后的饭通过接饭口、溜槽进入前酵罐；打开定温、定量水罐的阀门，让配料水随着饭均匀地落罐；又从加曲机中加入块

曲和纯种培养曲，开动绞龙，让曲散在米饭上，随之落罐；打开酒母罐出料阀门，让酒母缓缓地流入前酵罐。

② 均匀。该操作的关键在于落饭品温要匀，加水要匀，加曲要匀，加酒母要匀。

③ 松散。“松散”是该操作另一关键，饭团、曲团都要捣碎。可在入罐处加网篮，遇饭团即由操作工随手用铁钩钩散。不能让大饭团落入罐中，以免醪液发酵不透，造成酸度增高，影响成品酒的质量。

④ 加罩。投料完毕后（按配方定量的饭、水、曲、酒母全部投入罐中)，用少量清水冲下黏糊在罐口及罐上壁的饭粒、曲粒、酒母泥，加安全网罩，进行敞口发酵。

（七）前发酵

1. 前发酵的目的

前发酵也是黄酒酿造的主发酵，是黄酒酿造的关键工序，要求达到两个目的。

（1）生成一定量的酒精　普通黄酒经 96h 主发酵后酒精含量要达到14%以上，总酸在 0.35g/100mL 以下。

（2）消除隐患　有时前发酵正常，酒精含量、酸度也能达到，但由于发酵不畅，影响产品风味；或因卫生工作不好，杂菌污染严重；又由于存在着未发酵的饭团使后酵升酸剧烈，此类隐患必须消除。

2. 控制指标

（1）开耙　开耙是控制发酵温度的一个有效的办法，由于新工艺是深层发酵，以无菌压缩空气进行通气开耙，其控制参数见表 5-5。

表 5-5　开耙温度控制

落罐时间/h	8～＜10	10～＜13	13～＜18	18～＜24	24～36
品温/℃	28～30	30～32	32～33	33～31	31～30
开耙	头耙	二耙	三耙	必要时通气翻腾	

（2）品温　在前发酵过程中，必须加强温度管理，经常测定品温，随时加以调整。其管理情况如表 5-6 所示。

表 5-6　前发酵品温管理

时间/h	0～＜10	10～＜24	24～＜36	36～＜48	48～＜60	60～＜72	72～＜84	84～93	输醪前
品温/℃	25～30	30～33	33～30	30～25	25～23	23～21	21～20	＜20	12～15

（3）监测 前发酵期，除了应加强温度管理外，还要经常测定其酒精含量、酸度，观察发酵是否正常，以便及时采取措施，一般正常变化情况见表5-7。

表5-7 前发酵期酒精度与酸度变化

发酵时间/h	24	48	72	96
酒精含量/%	>7.5	>9.5	>12.0	>14.5
总酸/(g/100mL)	<0.25	<0.25	<0.25	<0.25

3. 准备条件

① 有压力式温度表测温。

② 有无菌压缩空气，供气压力0.441MPa。备有食用橡胶软管，可以随时插入前酵罐内，在醪内通压缩空气。

③ 有外围导向管的冷却水供应，水温应不高于6℃。

4. 操作和管理

（1）开耙操作的意义 定温、定时通压缩空气，这一操作，传统名称为“开耙”，开耙有五个作用。

① 换气。穿通发酵形成的醪盖，使醪盖下的二氧化碳易于排出，通入新鲜空气，让酵母在有氧状态下，加速生长繁殖，使发酵旺盛排出二氧化碳和其他杂气，使酒的气味符合黄酒应具有的气味。

② 抑菌。把醪盖部的饭、曲压入液面下，让这一部分原料也充分发酵，以提高淀粉利用率，减少精粕量。同时，可将生长在醪盖表面的好氧性有害杂菌压至液面下，以防止它们大量繁殖。

③ 降温。降低发酵温度，把发酵温度控制在酵母正常生长、繁殖、代谢相适应的温度幅度内，造成不利于产酸菌繁殖的环境。

④ 控制。开耙也是决定酒的风格的关键，通过开耙时间和温度的调节，能分别酿造出浓辣、鲜灵、甜嫩、苦老等不同风格的黄酒。开耙操作是黄酒技工的关键操作，也可以从中衡量出技工的技术水平。在机械化生产条件下，这个操作是由三班制的当班工人轮流进行的，这一点与传统操作技工24h全面负责不同。为此，当班工人需加强责任心，勤检查，勤记录，做好交接班工作，千万不可粗心大意。

（2）方法 开耙操作方法，根据上述开耙的温度和时间控制表（表5-5），定时、定温进行开耙。方法是将通无菌压缩空气的食用橡胶管插入前发酵醪的醪盖下，开头耙只要中心开通，以助自然对流翻腾，二耙开始，需要进行有上、有下、有中、有边的通气，以使上下四周全面翻腾，将沉入罐底的饭团也翻起来。

(3) 冷却　为了控制温度到规定水平，单靠通无菌压缩空气是不够的，必须同时进行外围冷却，打开进冷却水的管道阀门，进行降温。

(4) 降温　发酵 96h 后，主发酵阶段结束。为了使后发酵稳定地进行，应将前发酵醪降温至 12～15℃，然后输入后发酵罐。

(5) 记录　前发酵过程中应加强对温度的测定和记录，测温要准确，具有代表性。记录数据必须真实，以供分析发酵情况之用。

(6) 卫生　通气管使用后必须清洗干净。

（八）输醪

1. 输醪要求

① 做好卫生工作，防止输醪过程中发生杂菌污染。

② 做好加压的安全操作，务必要安全运行。

2. 输醪准备

① 输醪前须清洗压料管道，用水冲洗两次后，把余水排尽，不准带水压料。

② 输醪前必须把前酵醪液降温至 12～15℃。

③ 输醪前必须对前酵醪液用空气搅拌，以免管道堵塞。

④ 检查压料盖情况，其压力表、安全阀必须处于正常状态；夹头等构件必须完整牢固。

⑤ 输料前必须检查中间截物器和后酵罐，是否经过清洗消毒，后酵罐是否排尽余水，出料阀门是否关好等。

3. 注意事项

① 加压料盖时，必须将皮圈垫匀，夹紧夹头，防止漏气。

② 输醪的空气压力，一般为 0.118MPa，最大不超过 0.147MPa。

③ 压料完毕后，前酵罐必须进行排气，直至罐内气压和大气压平衡，方允许开启罐盖，不准带压开罐盖。

④ 皮管和中间截物器，每次用毕，要清洗干净，对黏住的残糟，要认真清除。

⑤ 如果发现前酵罐输出的是酸败醪液，该罐必须仔细冲洗干净，并用甲醛法彻底消毒，隔三天后，方可使用。

（九）后发酵

1. 后发酵的目的

（1）提高酒精含量　经过前发酵（主发酵）后，醪液里的酒精含量虽然已比较高，但尚未达到标准，还有残余淀粉和一部分糖分未转化成酒精。因此，通过后发酵，继续进行糖化和发酵，以提高酒精含量。

（2）生成多种代谢产物和化合物　人们对黄酒的要求是色、香、味俱佳，酒体丰满协调。要达到这个要求，需要酵母及麦曲中的多种微生物及其酶，经过一系列的化学变化，产生各种酶、醛、酸、酯等物质，从而使酒色逐渐澄清，酒香增浓，酒味醇厚，酒体丰满，所以，黄酒的后酵是一个重要的工序。

2. 控制指标

以干黄酒为例，其控制指标如下：

① 醪液品温控制在14℃±2℃。

② 后发酵时间16～20d。

③ 发酵成熟的酒应达到酒精含量≥15.5%，总酸≤0.4g/100mL（琥珀酸计）的标准。

3. 操作方法

（1）加盖　醪液进入后酵罐后，加盖；再检查一遍排醪阀门，防止漏醪。

（2）测量醪温　如醪温过高，打开内列冷却管的冷却水阀门（先打开出水阀，后打开进水阀），降低醪温至规定的幅度内。

（3）开耙　通无菌压缩空气，进行开耙，在后酵期间，酵母的新陈代谢应以厌氧为主，但是它的繁殖仍需要供给微量的氧。由于机械化的发酵罐是用钢材制作的，没有老工艺所用酒坛的毛细孔，因而无法及时排出二氧化碳，也无法吸入新鲜氧气，使酵母容易衰老。在大罐深层发酵的条件下，厌氧程度高于陶坛，这样会有利于厌氧性的乳酸菌等生酸杂菌的生长，致使酒醪酸度上升。为此，在后发酵期间，间断地通无菌压缩空气，让醪液翻腾一下，排出二氧化碳是必要的，它的好处是：

① 保持酵母的活力，有利于充分利用糖分，以使酒精含量增加，提高出酒率。

② 排出二氧化碳，减少酒的刺辣味和杂气。

③ 抑制厌氧性生酸菌的生长，控制酒醪的酸度上升。

但是，过于频繁或过量通气，也有下列副作用：

① 酒精较多地随空气逸出，造成损失。

② 过度氧化会给酒带来不愉快的风味。

为此，通气的相隔时间需要谨慎的掌握，一般后酵第一天，需每隔 8h 通气搅拌一次；第二天到第五天，每天通气搅拌一次；第五天以后，每隔 3～4d 搅拌一次；15 天以后，就可以不再通气搅拌了。

（4）控制超酸罐　在后发酵中，也会出现因某些因素而引起超酸现象，对这些罐要严格控制。

① 防止污染　对超酸罐的抽样、通气皮管等工具，必须与正常罐所使用的工具分开，并把酸罐密封起来。

② 采取提前压榨或蒸馏酒精的方式处理　提前压榨的目的，是在超酸幅度尚小的时候，提前压榨，煎酒成品，可作乙级品或作制腐乳用酒出售。如超酸的幅度小，并另有低酸酒醪，可以相互搭配，使酸度控制在合格的范围之内。但是，对已产生异味或超酸幅度高的酒醪，绝不能搭配，可进行蒸馏，以回收酒精。

③ 消毒　酒醪排空后，对后酵罐应用大量的清水冲洗，再用甲醛法严格消毒，其他工具也应严格消毒。

（5）后酵结束　后酵成熟的标志是酒精含量基本稳定，酒醪沉静。历时约为 16～20d，即可压榨。对成熟的酒醪，如不及时压榨，又没有采取别的措施，很可能出现酸度升高现象，这种现象称为“失榨”，需要防止。后酵醪（醅）输出后，后酵罐及工具，要进行认真清洗消毒，方法与前酵罐相同。

第五节　黄酒发酵过程控制

黄酒发酵过程可分为前发酵、主发酵和后发酵三个阶段。前发酵是指旺盛发酵开始前的酵母菌有氧增殖阶段，约为投料后的十几个小时内。主发酵是指酵母菌旺盛发酵，释放大量热量，可发酵性糖等营养物质被迅速利用，产生大量酒精的阶段。在实际生产中，由于开耙通氧操作贯穿于前发酵和主发酵过程中，酵母菌有氧繁殖和厌氧发酵同时进行，加之前发酵和主发酵过程同在一个发酵容器内进行，所以，为便于与后发酵过程及其容器对应，通常把前发酵、主发酵统称为前发酵。后发酵是指长时间低温（15～18℃）的发酵阶段，是酒味成熟的必要阶段。发酵过程控制（管理）的项目主要有温度、时间、微生物及成分分析等，其中前发酵期的温度管理尤为重要。

一、传统工艺控制

1. 传统工艺的投料

淋饭酒投料品温为 27～30℃，寒冬季节可高至 30℃，这是因为搭窝后，可使喜好较高温度的糖化菌繁殖。糖化一段时间后，当酵母菌要繁殖时，温度要求低些，可借助麦曲和水的添加，将品温降下来。但投料品温也不宜过高，以免酒药中的有益菌烫伤或致死，影响菌类生产和糖化发酵的正常进行。喂饭酒投料搭窝温度较高，为 26～32℃。与淋饭酒类似，喂饭时的加料会使品温下降，所以投料品温高些也无妨。摊饭酒有加浆水与不加浆水的配料之分。加浆水的糯米黄酒，由于浆水含有生长素，并使酒醪的 pH 值也较适合酵母菌生长，品温上升快，所以投料品温要低些，一般为 24～26℃，不超过 28℃。不加浆水的粳米酒，由于酒醪初期营养条件差些，发酵微生物繁殖慢些，品温上升不快，所以投料品温可高些，为 27～30℃。

2. 传统工艺头耙

由于糖化菌繁殖、酶的糖化作用和酵母菌繁殖速度是随时间的推移而逐渐提高的，所以在投料后的一段时间内，产生的热量较少，品温上升较慢。投料后的十多个小时内，缸内发出嘶嘶的发酵声，品温比投料时高出 4～7℃，这时发酵开始旺盛，进入主发酵阶段，酵母菌把糖分解成酒精和 CO_2，产生热量较多，品温上升较快。另外，生成的酒精溶入醪液，而 CO_2 则附着在酵母菌和饭粒的表面，一起浮到液面上形成醪盖，阻碍了热量的散发。待品温升到一定程度，就要及时开耙。

在绍兴酒的酿造中，把开头耙时品温较高酿成的酒称热作酒，把头耙时品温较低的酒称冷作酒。热作酒开头耙时缸心品温为 35～36℃，温度较高有利于糖化发酵迅速进行，使醪中酒精含量较快地增长。但热作酒头耙品温太高，高温持续时间过长，将严重影响酵母菌的繁殖和发酵，酵母菌容易早衰，发酵力减弱，酿成的酒口味较甜；同时因接近一般产酸菌的生长最适温度，而容易招致产酸菌的繁殖。冷作酒开头耙的品温不超过

30℃，可以定时开耙，操作控制方便；由于发酵品温较低，发酵过程品温比较均匀，发酵较为安全、彻底，不至于因品温过高而生酸多，所以酿成的黄酒酸度低、出酒率高、糟粕少。绍兴地区以外，用麦曲、酒药酿制的黄酒，一般称仿绍酒，多为冷作酒，头耙品温多控制在30～32℃以下。

3. 传统工艺的主发酵品温

热作酒开头耙后，缸内品温均匀，耙前品温36～37℃，耙后大幅度下降，品温为22～26℃。头耙后品温上升较快，经3～4h，当温度升至30～32℃时，开第2次耙，耙后品温为26～29℃。第3耙、第4耙的耙前品温控制在30℃以下，开耙时机多根据醪液的发酵速度和成熟程度决定。如果室温低、品温上升慢、酒味淡、甜味浓，则表示发酵缓慢，应该让开耙间隔长些，或用温水灌入酒坛、浸入缸内，以提高醪液品温。如果发酵过猛、品温上升过快，则需多开耙，或用分缸、分坛等方法降低品温，否则有酸败的危险。一般在第4耙后，发酵趋于缓和，在每日早晚各搅拌一次，直至醪液品温与室温相近、糟粕下沉，即可停止搅拌。为减少酒精的挥发，应及时灌坛，进行后发酵。冷作酒为低温开耙酒，头耙前后温差为4～6℃，耙后品温为24～26℃。经6～7h，当温度接近30℃时，再开第2耙，耙前后温差为2～3℃。以后每隔4～5h，分别开第3耙、第4耙，开耙前后温差1～2℃。第4耙后，每日捣耙2～3次，以保持品温，促进发酵，直至品温与室温接近。

4. 主发酵最终品温

经过旺盛发酵，醪液中的可发酵性糖含量减少，加上酒精等代谢产物的增加，酵母发酵及其产热减弱。传统发酵使用缸、坛，散热面积大，主发酵后期产生的热量很快散发。因此，经5～7d后，发酵液品温就与室温接近。而新工艺大罐容积大，散热的比表面积小，主发酵后期温度不能很快下降，需要加以冷却降温，以减少酒精的挥发损失，防止杂菌伺机滋生。一般主发酵最终品温控制在15～20℃以下。

5. 后发酵品温

黄酒醪经过主发酵后，进入后发酵，其目的如下：

（1）提高酒精浓度　主发酵后，醪液的酒精含量虽然已经很高，但尚未达到标准要求，还有残余淀粉和一部分糖未转化成酒精。因此，需要通过后发酵过程，继续进行糖化和发酵，以提高酒精浓度。

（2）增香气　酒味成熟，成品黄酒要求色、香、味俱佳，酒体丰满协调。这就需要酵母菌及曲中的多种微生物及其酶在后发酵过程继续作用，经过一系列的生物化学变化，产生各种醇、醛、酸、酯等风味物质，使酒香增浓、酒味醇厚、酒体丰富，同时酒色也逐渐澄清，酒味成熟。

但因受缸和发酵室的数量限制，后发酵一般在坛中进行，其后发酵品温随气温变化而变化。因此，在气候寒冷时，即初酿的酒，可堆在向阳处，以促进发酵；后期气温转暖时酿制的酒，则应堆在阴凉的地方或室内为宜，以防止温度过高，来不及压榨等造成酸败的危险。

二、新工艺发酵控制

1. 投料品温

传统工艺中，福建等地一般把料直接投入坛内，江浙等地则用大缸，而新工艺改用大罐，发酵起始的操作分别称为落坛、落缸和落罐操作。这里把发酵起始的品温统称为投料品温。投料品温与原料、酒曲、气温、室温和操作方法有关，但多由气温和室温决定高低。当气温低、室温低时，投料品温可高些；反之，则投料品温应低些。其宗旨是有利于发酵旺盛期的适时到来，便于生产操作管理和最高温度的控制，防止温度失控而导致杂菌污染。如大罐投料多安排在下午 6 时左右，使发酵醪需要开头耙的时间恰好在次日上午 8～10 时，便于操作控制。

2. 新工艺的投料品温

新工艺的糖化发酵剂，部分或全部采用纯种培养的糖化曲和酒母，它们与自然培养的酒曲相比，均较嫩，作用的迟缓期短，发酵升温迅速。如果投料品温较高，则以后的品温往往会无法控制而酸败，因此，一般控制为 24～26℃，投料品温较低。

3. 新工艺头耙品温

新工艺黄酒采用大罐深层发酵，虽然可附设冷却装置，但因其容积大、散热的比表面积（表面积与容积之比）较小，单位时间内能带走的热量有限，同时醪液的初始酸度较低，以酸制酸能力较弱，因此要求把发酵温度控制在适应酵母菌繁殖和发酵、不利于生酸菌繁殖的温度范围内。一般新工艺黄酒头耙品温小于 32℃开耙，是指用木耙搅拌醪液，或对大罐醪液通压缩空气的操作。开耙具有下列 4 个作用：

（1）补气体　穿透发酵形成的醪盖，使醪盖下的二氧化碳易于排出，进入新鲜空气，使酵母菌在有氧条件下，加速繁殖和发酵。排出二氧化碳和其他杂气，使酒的气味符合黄酒特色。

（2）充分发酵　料液搅拌均匀，利于充分发酵，从而提高出酒率，同时可将生长在醪盖表面的好氧性有害杂菌压至液面下，防止其大量繁殖。

（3）降温　带走部分热量，以降低发酵温度，使发酵温度控制在有利于酵母繁殖，不利于生酸杂菌繁殖代谢的幅度内。

（4）降速　通过开耙品温和时间的调节，控制发酵温度变化，从而影响糖化、发酵的速率和程度，酿造出浓辣、鲜灵、甜嫩、苦老等不同风格的酒。头耙品温是指投料后进行第一次搅拌时的醪液品温，如何掌握头耙品温，是发酵操作中的关键之一。

4. 新工艺的主发酵品温

新工艺主发酵品温多控制在30～33℃之间，温度达33℃时即要进行开耙冷却。其开耙方法是将通无菌空气的食用橡胶管（前端多套上一段无缝钢管）插入醪液下部，开头耙只需中心开通，以助自然对流翻腾。第2耙开始，需要进行上、中、下、边全方位的通气，以使上下四周全面翻腾，将沉入罐底的饭团翻起来，醪盖压下去。为了控制温度在规定范围内，开耙同时还需进行外围冷却水冷却。

5. 新工艺后发酵温度

新工艺后发酵品温要求控制在（14±2)℃或更低，不得高于18℃。实际生产中，因后发酵产热少，一般不会超过15℃。但如气候突然变暖，会引起品温上升，这时就需要利用罐内的列管冷却器进行冷却控温，或利用空调控制室温及罐内品温。传统工艺酿酒多在寒冷季节，后发酵可以继续在缸中进行，放在室内，受外界气温变化的影响小，可保持较高（不会超过15℃）的品温，以缩短后发酵期（比在坛中后发酵提前5～10d)。

第六节　黄酒加速陈酿的方法

一、热处理法

传统坛装黄酒在气温较低时要堆在向阳地采热或贮放在冬暖夏凉的地下室内，满罐后冷却酒采用较高温度的大罐贮存法，及利用太阳能装置加热大罐黄酒的贮存法。高温有利于酸、醇等分子活化，促进酯的生成，有利于不良成分的挥发。但也应注意温度过高会导致黄酒贮存中发生酸败现象的问题。

二、通气处理法

通气的主要作用是促进氧化，传统坛装黄酒酒液与外界空气仍可保持接触，而有利于酒的氧化老熟。大罐酒液与外界空气完全隔绝，为了促进其氧化老熟和排出酒中所含的挥发性不良成分，可适时适量地通入无菌空气。过多地通入无菌空气，会使酒精和香味成分损失、酒味变淡及产生氧化味。

三、液膜技术

液膜技术包括微过滤、超滤、电渗析和反渗透等，黄酒素有“千层脚”之称，贮存期短的黄酒，胶体稳定性差，表现为胶体性混浊，或称非生物性混浊。胶体性混浊是由酒中存在的不稳定性物质，如单宁、铁离子、多糖和蛋白质引起的，其中多糖和蛋白质是沉淀的主成分，单宁、铁是生成沉淀的促进成分。常用的压滤及棉饼、硅藻土过滤方法，只能去除酒糟及酒中的悬浮颗粒。采用液膜技术，如超滤膜，其筛分孔径小，几乎可截留所有的微生物及大分子蛋白质、单宁、多糖、胶体微粒，而对酒液中有益成分的吸附作用甚微，可以在增加黄酒稳定性、减少酒脚产生的同时，保持黄酒原有的风味。

四、添加澄清剂

澄清剂的主要作用是促进高分子物质的沉淀或分解，减少不稳定性物质在酒中的含量，使酒在包装后较长时间地保持稳定，不出现胶体性混浊或沉淀。澄清剂有硅胶制品、硅藻土、膨润土、单宁、明胶、干酪素、蛋清、菠萝蛋白酶等，效果较好的为单宁和明胶。当然，由于各地黄酒酿造方法不同，何种澄清剂较为适用，用量多少，都应在试验的基础上确定。

五、超声波、激光、放射处理

超声波的作用是加强氧化反应，同时促进酒液极性分子的整齐排列，以及低分子化合物的聚合与缩合反应。激光是利用光子的高能量，对酒液中某些物质分子的化学键给以有力的撞击，致使这些化学键出现断裂或部分断裂，成为小分子，或成为活化络合物而重新进行新的组合，如为酒精与水的缔合提供活化能，使水分子不断解体成游离态的氢氧根，与酒精分子亲和而完成缔合过程。放射线能量很大，能促进酒香的形成。上述各种催陈方法，可单独使用或兼用，一般来说，人工催陈法多用于促进大容器贮存黄酒的老熟。

第七节 黄酒醪的酸败和预防

由于黄酒酿造为开放式的多菌种发酵，主要通过工艺条件的控制和操作环境的卫生来使有益微生物正常繁殖发酵。若酒醪中的乳酸菌、醋酸菌及野生酵母等杂菌过量生长繁殖，代谢产生挥发性或非挥发性的有机酸，会使酒醪的酸度超出标准要求，称为酸败。因醪被杂菌污染的程度不同，酸败现象不一样。严重时醪的酸度很高，酵母的发酵停止，酒精度低；轻微时，醪的酸度偏高，酒精度与正常发酵醪无多大差别。轻微酸败可以在压榨时通过酒醪的搭配或添加陈年石灰水等办法补救，而严重时则会影响酒的风味，造成损失。

一、酸败

发生酸败的酒醪，一般有以下几种不正常的现象：主发酵阶段，品温上升慢或停止；酸度增加大，醪出现酸臭或品尝时感到有酸味；糖分下降慢或停止；酒醪上面的泡沫发亮或发黏；镜检有较多的杆菌存在。

黄酒醪酸败的原因是多方面的，主要有以下几方面的原因：

1. 籼米、玉米等富含脂肪、蛋白质的原料

在发酵时由于脂肪、蛋白质的代谢会升温、升酸，尤其侵入杂菌后，升酸现象严重，加上这类原料直链淀粉含量较高，蒸煮后容易老化返生，不易糖化发酵而被细菌利用产酸。米饭夹生或成团生淀粉或黏结成团的米饭不易被糖化发酵，而能被杂菌利用产酸引起发酵醪酸败。籼米、玉米原料酿酒，超酸和酸败的可能性较大。

2. 酵母醪培养不良

表现在酵母成熟醪指标不合格，酵母菌不健壮，这将容易导致发酵缓

慢，酒精含量上升不快，还原糖含量偏高，营养成分过剩，给杂菌以可乘之机，因而使发酵醪酸度升高。当酸度超过 0.45%时，又进一步抑制酵母菌的发酵作用，使酒精含量上升缓慢或停止上升，随即酸度直线上升。酵母醪培养不良的原因很多，如酵母菌退化变异、培养条件不佳等。某些小酒厂由于缺乏选育、复壮手段，当使用退化、变异的酵母种时，培养的酵母菌芽生率低、死亡率大，使酵母菌成熟醪残糖和酸度都偏高。酒母中酵母数太低、杂菌数多，易引起发酵醪酸败；酵母的出芽率低，说明酵母衰老，繁殖发酵能力差，耗糖产酒慢，糖分容易被产酸菌利用，从而造成酸败。

3. 糖化曲的质量和用量

无论自然培养还是纯种培养的曲都含有杂菌，曲的杂菌多是酒醪酸败的重要原因。曲的质量不好、糖化率低，醪液中的可发酵性糖不够，则会导致酵母生长不旺盛而影响正常发酵，导致杂菌繁殖，使醪液的酸度增加。若糖化剂用量过多，液化和糖化速度过快，使糖化和发酵速度失去平衡或酵母渗透压升高，使酵母过早衰老，抑制杂菌能力减退。

4. 前酵温度高和缺氧

前酵温度过高，前期发酵过于旺盛，则引起酵母过早衰老，易导致杂菌污染。后酵时缺氧散热困难，传统的酒坛后酵透气性好，而大罐不具备透气性，后酵酒醪由于缺氧使酵母数少而厌氧菌大量生长。此外，罐内醪液量大、流动性差，中心热量难以散发，会出现局部高温，这也是大罐发酵酸败的原因之一。

5. 过量添加糖化剂

使用糖化剂过多，特别是像 AS3.4309 和糖化酶制剂等高糖化力的糖化剂，液化和糖化速度过快，大量的糖分赋予醪液较强的渗透压，使酵母菌呼吸作用受到抑制，过早衰老退化，发酵中期酒精含量就停止上升。醪液中还原糖含量偏高，杂菌繁殖旺盛，酸度直线上升。

6. 卫生条件差

消毒灭菌不好，环境卫生差，设备、管道、生产器具等的卫生和消毒工作未做好，都会引起酸败。除上述因素外，卫生工作不好或后期发酵醪温度回升，使潜伏或侵入的杂菌繁殖，也会造成酸败。酸败往往不一定是某一种因素引起的，多是综合因素造成的，有时还相当复杂。对醪液的酸败要尽可能做到早发现。如果在酸败开始时就采取措施，就可以降低酸败程度，因此，生产上要求经常观察醪液发酵情况，认真做好对糖、酒、酸等成分变化的检测工作，发现异常，及时处理。

二、酸败的防止和处理

要解决酒醪的酸败，必须从多方面加以预防，一般可采取以下措施。

1. 卫生

做好环境卫生及设备、器具的消毒灭菌工作，一般要求每天打扫环境卫生，容器、管道每批使用前要清洗并灭菌，以尽量消除杂菌的侵袭。

2. 酒母

提高糖化曲和酒母的质量，纯种生产的曲和酒母，要求杂菌数量越少越好，要检验曲的酶活性及酒母的酵母细胞数和出芽率，保证曲和酒母的质量。传统生产的淋饭酒母要求酸度低、酒精度高，不能太老。

3. 蒸饭

饭要蒸熟并捣散，饭要蒸熟蒸透，如果生、熟淀粉同时发酵，往往会使酵母难以发酵利用的生淀粉被细菌利用产酸。若以籼米为原料，蒸饭时要淋热水以促进淀粉糊化。若采用含直链淀粉较高的原料，蒸煮后容易老化返生，米饭适当冷却后，要尽快落缸或下罐。如果碎米过多也会引起蒸饭困难，因此还要把好原料关。

4. 开耙

协调糖化发酵间的速度，黄酒的发酵是边糖化边发酵，糖化速度和发酵速度平衡，发酵才能正常进行。如果糖化快、发酵慢，糖分过度积累，易引起酸败；反之，糖化慢，发酵快，易使酵母过早衰老，后酵也易升酸。在酿酒操作时，要控制好发酵的温度和开耙的时机，协调糖化发酵间的平衡。在发酵欠旺盛时，可加入正在旺盛发酵的酒醪，以弥补其不足，防止酸败菌的感染。

5. 控温

严格控制发酵温度，应根据气温等情况确定合适的落罐温度，控制发酵温度不能过高，后酵温度一般控制在15℃以下。

6. 供氧气

采用供微氧的操作工艺，由于大罐不具备透气性，对于后酵的酒醪，罐内醪液量大、流动性小，须定期通入无菌空气加以搅拌，以增强酵母的活力并散热。

7. 酸败防治

防止失榨，在后酵阶段，应定期化验，如发现酸度有升高趋势，则要及时进行压榨，避免造成酸败。黄酒醪发生酸败后，应及时抢救处理。轻度超酸时，可与低酸度酒醪混合，使之达到规定的指标，或者对酸败的酒添加白酒，制止其继续酸败；酸败较严重的可加一定量的陈年石灰水中和，提前压榨灭菌。黄酒醪酸败后风味和出酒率都受到影响，因此应以预防为主。

第八节 发酵管理

一、微生物管理

黄酒发酵是不灭菌的开放式发酵，醪液中存在多种微生物。微生物管理的目的，就是抑制有害微生物的生长繁殖和代谢，促进有益微生物，特别是酵母菌的生长繁殖和发酵，使黄酒发酵安全进行。广义上的微生物管理包括全部工艺技术条件的管理控制，此处仅围绕下列两方面进行论述。

1. 酵母菌活力

如果酵母菌的接种量少或活力低，发酵初期酵母菌不能在数量上占优势，糖化发酵就不能保持平衡，容易导致早期的杂菌污染，引起发酵醪酸败。如果接种量大，发酵迟滞期就短，在糖化酶尚未充分作用时，发酵速度过快，糖化速度跟不上酵母菌的需求，酵母菌容易早衰，后期发酵力弱，造成醪液糖分积累过多，容易导致杂菌污染生酸。因此，适宜的接种量对保持酵母菌在发酵初期就能迅速占据优势，抑制杂菌滋生，以及保证在整个发酵周期中酵母菌始终保持较高的活力，具有重要意义。

2. 接种量

酵母菌活力是指酵母菌繁殖、发酵的能力。检测酵母菌活力的指标有酵母菌总数、酵母菌出芽率和酵母菌死亡率。当酿制淋饭酒母时，在搭窝操作后约 50h，醪液加曲冲缸后的酵母数约为 6.5×10^{7} 个/mL，出芽率高达 40%左右；经 10～20h，酵母数猛增到 3×10^{8}～5×10^{8} 个/mL，出芽率为 25%～30%；成熟淋饭酒母的酵母数高达 9×10^{8} 个/mL，出芽率为 5%左右，死亡率小于 2%。纯种酵母的酵母数在 2 亿个/mL 以上，出芽率

15%以上，死亡率无检出。

酵母菌接种量是指酒母用量占发酵投料用米的比例（%）。传统黄酒生产中，淋饭酒母用量为4%～5%，如不考虑固形物，单从投入的发酵用水量计算，则投料后的发酵液酵母数约为4×10^7个/mL。如纯种酒母用量为10%，则新工艺黄酒发酵醪投料后的酵母细胞数也为4×10^7～5×10^7个/mL。新工艺与传统工艺对酵母菌接种浓度的要求基本一致，表明了酵母接种浓度对醪液的安全发酵至关重要。

二、杂菌预防

酵母菌繁殖的世代时间为1～2h，而一个细菌，在适宜的条件下，经24h培养，将增殖至百万亿个。所以在实际生产中要控制好发酵工艺条件，定期对发酵醪进行微生物检查，防止杂菌污染。正常发酵醪的内在环境能够限制生酸菌的生长繁殖，甚至使其死亡。有人提出：酿造黄酒用酒母和发酵醪中的细菌数应控制在如下范围。

① 酒母醪生酸菌少于100～300个/mL。

② 前发酵醪酒醪酸度在0.45%的生酸菌浓度100个/mL为临界细菌数，正常醪的生酸菌数应为其半数。

③ 后发酵醪生酸菌的临界浓度为1×10^7个/mL。

预防杂菌污染，除加强发酵工艺条件控制外，还应注意卫生管理。发酵容器、用具在使用前后，均应清洗干净或消毒灭菌。新工艺黄酒生产中，采用溜槽下料，可缩短输送路途，避免因使用管路而带来的清洗不便和染菌危险；前发酵醪输送到后发酵罐所用的食用橡胶管和中间截物器，每次用后，都要认真清除残糟，清洗干净；对出现酸败的醪液罐，除仔细冲洗干净外，还要用甲醛熏蒸法彻底消毒，隔3天后，方可使用。

三、时间管理

发酵时间主要取决于酵母菌活性和发酵过程的品温控制。传统工艺的元红酒，前（主）发酵时间一般为5～7d，后发酵温度接近气温，很低，后发酵期长达70d左右。传统工艺的加饭酒因发酵醪浓厚，所以发酵周期长达80～90d。当天气转暖时，要适当缩短后发酵时间，及时压榨，以避免醪液品温回升，引起酸败。新工艺黄酒前（主）发酵为4～5d，后发酵因醪液品温较高，时间仅为16～20d。

四、化验管理

黄酒是由霉菌、酵母菌及细菌等多种微生物进行的复式发酵，发酵型式多样，发酵进程不一。反映发酵进展情况，及时进行工艺操作和控制，必须依赖感官检查或成分分析。传统工艺就是以感官检查为依据，来决定开耙时机和发酵周期的。感官检查的内容为发酵醪翻腾、起泡情况和升温产热速度，以及发酵液品尝等。新工艺除采用感官检查外，还运用现代分析手段，测定温度和进行成分分析，来判断、分析和控制发酵进程。前发酵期每日测定发酵醪的酒精含量、酸度，观察、判别发酵是否正常，必要时，还要测定糖分，以判断发酵异常的原因。前发酵期的酒精含量、酸度正常变化情况见表 5-8。

表 5-8　前发酵期酒精与酸度变化

发酵时间/h	24	48	72	96
酒精含量/(mL/100mL)	>7.5	>9.5	>12	>14.5
总酸含量/(g/100mL)	<0.25	<0.25	<0.28	<0.35

后发酵期发酵缓慢，液面呈静止的暗褐色状，糟粕逐渐下沉。上层酒液取样观察，酒液的澄清、透明度应逐次增加，色泽黄亮；口尝应酒味增浓、清爽，无其他异杂气味。通常是每隔 5d 左右进行一次感官检查和成分分析，测定糖、酒、酸的含量。榨酒前也要化验一次。

第九节　黄酒的勾兑

黄酒的勾兑技艺已有很长的历史，从前称为“拼酒”。当时这项工作主要是在酒店、饭馆中进行，把不同品质、不同酒龄的坛装散酒进行重新组合和调整，拼出“太二”“远年”“陈陈”“市酒”等不同档次、不同风格的黄酒，以满足不同消费层次的需求。传统意义上的黄酒勾兑，是指在各种按黄酒工艺发酵而成的不同特点的原酒之间进行组合和调整的过程，是保证和提高黄酒质量的一道工序。它的工作对象可以包括压榨前成熟酒醅的搭配、灭菌前清酒（贮于罐或池）的调配和装瓶前原酒的组合与调整这几个方面。现代意义上的黄酒勾兑，是在传统意义黄酒勾兑的基础上添加了一些具有营养保健功能因子的成分的过程。黄酒采用多菌种参与的、开放式发酵工艺，因此其酿造工艺比较粗放，在生产过程中受原料质量的优劣、糖化发酵剂的差异、气候的变化、发酵周期的长短、技工操作上的差别等多方面因素的影响，致使不同批次生产的黄酒其质量有所不同。而且，即使是同一批次生产的黄酒，在贮存期间受贮存条件、贮存时间的影响其质量也有一定差别，有时甚至某些指标达不到标准要求。因此，黄酒勾兑的目的和作用主要有以下 4 点。

① 保持同品牌、同类产品前后风味的一致性。

② 保证产品各项指标符合标准要求。

③ 提高产品的质量。

④ 增加黄酒的新品与档次，提高产品的附加值。

一、勾兑的基本原理

勾兑是将具有不同特点的原酒，按产品要求（包括感官、理化指标、卫生指标等）进行重新组合的过程。这种组合和调整基本属于物理变化的范畴，因此我们从物理变化的范畴来探讨一下勾兑的基本原理。

1. 长短互补机理

不同生产批次的原酒，其感官、理化指标等均存在着一定差异。以酒精度、总糖、总酸 3 个主要理化指标为例来说明。酒精度偏高，有辣口，会有酒体不够柔和的感觉，酒精度偏低，酒体又会有柔弱无刚之感；总酸高了有酸感，低了又会觉得木口和不鲜爽，同样，总糖的高低也各有其长短之处。另外，黄酒的微量成分相当复杂，各种成分含量的多少、各成分之间的相互比例也都会影响到酒的风味。勾兑可以通过取长补短，用 A 酒的长处弥补 B 酒的短处，这就是勾兑时的长短互补机理。

2. 优点带领机理

某原酒具有某种明显的优点，而需要勾兑的大宗酒却缺乏这种优点，于是为具备这种优点，就让那种具有明显优点的酒（称为“带酒”）起带头作用，从而使得需要勾兑的酒在品质上也获得提高，这种机理称之为“带领机理”，也可以理解为优势强化机理。如大宗酒陈香不足，可以通过掺入少量远年陈酒，将它的陈香味带出来。

3. 缺点稀释机理

某原酒具有某些明显的缺点，但又无法矫正，如酸度过高的酒、带有异杂味的酒、色深味苦的陈年甜型酒等，这种酒放在仓库无法直接出售，不利用则损失又大，这种酒称为“搭酒”。勾兑时，可以用稀释的机理，把它的缺点稀释到“许可程度”，这个“许可程度”必须遵守两条原则：一是理化指标不能超标；二是感官指标不能降低。平常说的“酸不挤口”“甜不腻口”“苦不留口”“咸不露头”等，是比较笼统、粗线条的概念，在搭配时要因酒制宜，慎之又慎，别以小失大，败坏了大批酒。

4. 平衡协调机理

勾兑的目标之一是实现酒体的平衡协调，如有的酒酸度并不超标，但喝起来有酸感，究其原因是酒体较薄，负荷不起酸度。对这种酒除采取降酸的办法外，还可以通过适当增加糖度等手段来增加酒体的醇厚感，使它载得起酸度，使酸度与酒体相协调，又如酒体比较弱的酒加一些较老口的酒，则会使之变得刚劲。总之，采用平衡协调的机理，把酒体变得协调、平稳、丰满、结实，这才是完整的酒。

二、勾兑的基本类型

1. 年份酒勾兑

在市场上我们经常可以见到一些包装精美的五年陈、十年陈、二十年陈的黄酒都是所谓的“年份酒”。在黄酒行业中年份酒这一概念最早于20世纪90年代由当时的绍兴酿酒总公司（现为浙江古越龙山绍兴酒股份有限公司）提出。年份酒的出现，改变了几十年来黄酒低价、低质、低档次的形象，吹响了古老的黄酒向高档次饮料酒进军的号角，这对于黄酒行业的发展具有划时代的意义。对于年份酒的生产勾兑，在GB/T 3662—2018《黄酒》国家标准中已有明确的规定。在年份酒销售包装上标注的酒龄称为标注酒龄，其计算方法为各种勾兑用原酒酒龄的加权平均数。以五年陈绍兴花雕酒为例，参与该酒勾兑的各种原酒其酒龄加权平均数应为5年，且酒龄为5年的原酒在勾兑后的成品酒中所占的比例应不少于50%。但是，令人担忧的是对于年份酒的界定，目前还没有一种有效的方法来加以检测，因此市场上的年份酒质量参差不齐，假冒现象屡有发生。对于这种有损于黄酒行业健康发展的现象，一方面需要通过企业的自律，另一方面需要通过政府相关部门和行业协会的监管、消费者的自我判别来加以杜绝。

2. 太雕酒的勾兑

太雕酒是一款由绍兴咸亨酒店经销、浙江古越龙山绍兴酒股份有限公司生产的特色绍兴黄酒，它以陈年香雪、善酿及优质五年陈以上的加饭酒等为酒基，经精心勾兑而成。该酒色泽深褐、口感鲜甜醇厚，兼具绍兴酒的醇香及太雕酒特有的焦香，是绍兴黄酒勾兑中的成功典范。太雕酒的勾兑充分运用了黄酒勾兑中长短互补、优点带领、缺点稀释、平衡协调的机理，将陈年香雪、善酿酒中的焦苦味重的缺点通过勾兑转变为该酒的特色。目前，太雕酒的品种有五年、八年、十八年、二十年陈及太雕王等；包装有瓶装、坛装、塑料桶装、散装、礼盒装等20余种，是绍兴咸亨酒店的招牌产品之一。

3. 低度营养黄酒的勾兑

近年来，随着我国经济的快速发展、人民生活水平的提高以及消费理念的转变，低度、营养、保健成为当前饮料酒消费的新时尚和新趋势。以上海冠生园华光酿酒药业有限公司生产的“和酒”为代表的低度、营养黄酒被相继推出，其他比较成功的还有浙江古越龙山绍兴酒股份有限公司的“状元红酒”、上海金枫酒业股份有限公司的“石库门”上海老酒、会稽山绍兴酒股份有限公司的“帝聚堂”黄酒等。低度营养黄酒的勾兑主要分两步：第一步，先从一些药食同源或具有营养保健功能因子的食品中通过水煮、酒浸提取等方法提取营养成分；第二步，将提取液与原酒按黄酒的勾兑方法再进行精心勾兑。

该类型的黄酒具有以下共同特点：

① 酒精度低，一般酒精含量在12%（体积比）左右；

② 融入了保健功能因子，如枸杞、红枣、莲子等的提取物或蜂蜜、功能性低聚糖等；

③ 总糖含量适中；

④ 口味鲜甜爽口和柔和。

三、勾兑计算

1. 加乘计算

黄酒勾兑就是将不同风味、理化指标的原酒进行重新组合的过程，因此各原酒与成品酒之间的主要理化指标可通过加乘公式加以计算：

$$V_1 \times A_1 + V_2 \times A_2 + \cdots + V_n \times A_n = V \times A$$

式中　V——勾兑后成品酒的总体积；

A——勾兑后成品酒的某项理化指标；
V_1、V_2……V_n——参与勾兑各原酒的体积；
A_1、A_2……A_n——参与勾兑各原酒的某项相同理化指标。

2. 过剩、不足的平衡计算

① 平衡过剩公式，即原酒某项指标过剩，求需要低指标调整酒的数量。

$$X=\frac{B-A}{A-D}\times C$$

② 平衡不足计算公式，即原酒某项指标不足，求需要指标调整酒的数量。

$$X=\frac{B-A}{D-A}\times C$$

式中 A——勾兑后目标酒样指标；
B——原酒实测指标；
C——原酒体积，L；
D——调整酒的实测指标；
X——需要调整酒的数量，L。

四、勾兑的步骤

1. 确定配方

勾兑人员根据所需勾兑产品的要求及原酒库存的质量情况，确定初步的勾兑方案。在确定初步勾兑方案时，应正确处理好以下各原酒的比例关系：陈酒与新酒的比例、优质酒与大宗酒的比例、新工艺酒与传统工艺酒的比例、大宗酒内部的比例等。

2. 小型勾兑

按照确定的初步方案，从酒仓库中抽取各种所需的原酒样进行勾兑。所取的原酒样应具有较好的代表性，同种原酒应多取几个样并按适当的比例预先混合作为勾兑用酒样。在进行小型勾兑时，应根据初步方案多搞几个配方，从中选优，勾兑的全过程要用文字记录，以便于检查，防止差错，也便于总结经验。

小型勾兑的过程大致如下：

大宗酒组合→试加搭酒1→……→试加搭酒n→添加带酒1→……→添加带酒n→酒样理化指标测定→合格→确定最终配方。

3. 正式勾兑

为保证成品酒的质量，在正式勾兑之前，最好先在陶缸中进行中型勾兑，按小型勾兑中确定的配方逐一加入原酒，加一种，搅拌均匀后品尝一下，发现与小型勾兑出入很大时，必须找出原因，加以校正后方可加入后一道原酒。待中型试验与小型试验相符后，才可进行正式生产勾兑，正式勾兑时，务必按配方准确地加入原酒。待全部酒混合后，搅拌 5～10min，静止后取样化验、品尝，如指标未达标、风味与标准酒样有一定差距，可进行必要的调整。添加原酒时宜从少到多，以免过量后不易纠正，直至酒样各项理化、感官指标达到要求为止。

第十节 煎酒（灭菌）

为了便于贮存，必须进行灭菌，俗称“煎酒”，这是黄酒生产的最后一道工序，如不严格掌握也会使成品变质。“煎酒”是指我们祖先根据实践经验，要把生酒变成熟酒才不容易变质，采用了把黄酒放在铁锅里煎熟的办法，所以称为“煎酒”，实际的意义主要是灭菌。

一、煎酒的目的

因为经过发酵的酒醅，其中的一些微生物还保持着生命力，包括有益和有害的菌类，还残存一部分有一定活力的酶，因此必须进行灭菌。通常可采用加热的办法将微生物杀灭，将酶破坏，这样就可以使黄酒的成分基本上固定下来，免得今后再发生质量变坏的情况。加热的另一个作用是促进黄酒的老熟，并促使部分可溶性蛋白质凝固，经过贮存，被凝固的蛋白质沉淀下来，形成酒脚，使黄酒的色泽更为清亮透明。

二、煎酒的温度

灭菌温度，既要达到杀菌的目的，但又不能太高，以免酒精挥发损失，煎酒的温度应根据黄酒的沸点来定。黄酒是由酒糟、水分、有机酸、糖分、氨基酸及酯所混合成的一种液体。但数量最多的还是酒精和水的混合液，其酒精含量在 15%时，测定它的沸点为 90.2℃，酒精含量在 18%时，其沸点是 89℃。一般黄酒的酒精含量在 16%左右，少数品种超过

18%。因此，灭菌温度要求掌握在90℃以下，各酒厂采用80～90℃，这样可以减少酒精挥发损失，且绝大部分微生物在80～90℃温度下是可以被杀死的。虽然能够以掌控温度来减少酒精的挥发损失，但还是有一部分会挥发出来。这部分挥发出来的酒精蒸汽还可以设法进行回收，其方法是在灭菌器的酒箱顶上和出口流酒处装上冷凝器进行回收。这部分回收的白酒称酒汗，它可以并入糟烧出售，也可单独出售。浙江温州地区就以“酒汗”为名，单独出售。有的工厂作为甜型酒的配料，也有的工厂作为勾兑酒用。生酒经过加热灭菌，酒精含量损耗在0.3%～0.6%之间，因此，未灭菌的生酒酒精含量，应比规定的高0.5%以上，这样经加热灭菌后的酒才能达到规定要求，灭菌的时间，各厂都凭经验掌握，暂时没有统一的标准。

三、灭菌设备与操作

灭菌设备类型较多，传统的有用锡壶煎酒的，也有将包扎好的数十坛生酒堆在大石板屋内或大木桶内进行蒸煮，用大铁锅烧水产生的蒸汽来灭菌。上面这些方法效率低，损耗大，已不适合大生产的要求，只有极少数工厂还在继续使用。二十世纪四五十年代以来，各工厂积极进行研究和改进，先后采用蛇管式（或称盘肠式）、列管式、伞板式热交换器进行消毒灭菌，使黄酒的消毒灭菌从间歇变成连续操作。目前比较普遍使用的是列管式热交换器，其优点是造价低、使用蒸汽少、占用场地面积小，但酒的加热灭菌时间短，稍有疏忽会影响杀菌的质量，因此，有的工厂采用先通过盘肠或其他设备利用余热进行预热，这样延长了加热的时间，从而保证了杀菌的质量。

灭菌的操作过程是：经棉滤机过滤的生酒，用泵输入高位槽，利用位差流入列管式热交换器进行灭菌。如有预热设备的，则需先流入预热器，灭菌后的热酒应趁热进行灌装。部分工厂还采用高效的薄板热交换器作灭菌设备。

第六章

酒糟的处理

第一节　酒糟

一、酒糟的成分

酒糟是指黄酒发酵成熟后经压榨，把酒液与固形物分离后留下来的固体部分，酒糟成分主要来自于酿酒原料和麦曲，同时还有一部分来源于糖化和发酵过程中一系列复杂生化反应的产物、以酵母为主的微生物的代谢产物以及发酵结束后沉积下来的大量的酵母细胞。酒糟的主要成分为淀粉、蛋白质、纤维素、酒精、水、各种残余的酶。一般绍兴酒酒糟中含挥发成分为40%～50%，酒精含量为10%左右，粗淀粉含量为20%～30%。对于普通黄酒，其酒糟成分如表6-1所示。

表6-1　不同品种黄酒的酒糟成分

成分	糯米酒糟	粳米酒糟
挥发成分/%	53.00	52.08
酒精/%	4.5	4.0
粗淀粉/%	14.8	16.06
蛋白质/%	14.80	16.06
粗纤维/%	5.97	6.02
灰分/%	0.83	0.87
总酸/%	1.04	1.08
不挥发酸/(g/100mL)	0.75	0.92

注:挥发成分主要指水、酒精、挥发酸和挥发脂类等物质。

二、出糟率

出糟率指酒醅压滤后，酒糟量与原料质量之比（%）。其公式如下：

$$出糟率=\frac{酒糟量}{原料量(包括曲)}\times 100\%$$

普通黄酒的出糟率一般为20%～35%，但因酿造原料、工艺、酒种等的不同，其出糟率有较大的差别。使用纯种熟麦曲比使用生麦曲出糟率低，发酵正常的酒醅比酸败的酒醅出糟率低。此外，压滤设备与压滤时间也会影响出糟率。如绍兴元红酒出糟率为31%左右，加饭酒为33%左右。在黄酒的酿造中，在保证产品质量的前提下，应尽力降低出糟率，提高出酒率。

第二节 酒糟压榨与澄清

一、压榨

发酵成熟酒醅中的酒（液体部分）和糟粕（固体部分）的分离操作称为压榨。酒醅的成熟期，什么时候可以压榨，因黄酒品种不同、气温高低影响以及生产方法，致使发酵期有长有短，因而成熟期也就产生了差别。

但新工艺大罐发酵成熟期比较有规律，总的来说成熟期没有明确的界限，但从实践中还是能摸索到一些规律。

1. 颜色判断

酒醅的糟粕已完全下沉，上层酒液已澄清并透明黄亮，这种情况可以说基本已成熟。如发酵期已到，色泽仍淡而混浊，这就说明还未成熟或是已变质，如色发暗，口尝有熟味，这是失榨（压榨不及时的意思）的现象，往往发生在气温高的情况下。

2. 酸味判断

口尝已有较浓的酒味，口味清爽，后口略带微苦，酸度适宜。如有明显酸味，这说明已开始变质，应提前搭配压榨。最好取少量酒液经加温后，品尝及分析酸度更为确切。

3. 香气判断

嗅之有正常的新酒香气，无其他异杂气。除了采用感官方面判断外，还应该配合理化指标来进行判断，即酒精含量及酸度已达到工艺所规定的要求，而且基本趋于稳定，无多大变化，或酒精含量有下降趋势，酸度有上升趋势，并经品尝，基本符合要求，就可以认为酒醅已成熟，即可压榨。

4. 口味判断

黄酒的发酵因操作和温度控制等方面的种种原因，酒醅与酒醅之间会产生一定差别，特别表现在口味上。传统酿造方法，因是手工操作，差别更大，酒精含量、酸度都会有高有低，口味好坏较为悬殊，这项工作应由主管化验人员负责。

5. 搭配调整

除了理化指标按化验数据进行搭配调整外，还要注意口味上的搭配，这点往往被人所忽视。如果搭配调整工作没有做好，不仅使产品质量发生差别，有时甚至会发生质量事故，这是酿制黄酒的最后关键性问题，必须引起重视。酒醅的搭配调整一般是采用加权平均法。所谓加权平均法：就是两批以上的成熟酒醅搭配时，按各自搭配的质量或坛数，分别乘上各自的酒精含量或酸度，各自所得的积分别加起来，所得到的酒精含量或酸度的总积数再分别除以酒醅的总质量或总坛数所得到的商，即为该几批酒醅的平均酒精含量或酸度。

酒过滤效果取决于三个要素。

(1) 滤布选择要合适　对滤布的要求，一是既要使酒的清液能通过，又不能让酒糟等固体物透过，而且孔隙又不易堵塞；二是牢固耐用，吸水性能差和糟粕不易粘牢，容易与滤布分开。过去木榨用的酒袋是生丝织的绸袋。由于绸袋用于板框式气膜压滤机上作为滤布要承受强大的压力，不牢固耐用，所以板框式气膜压滤机上一般都采用牢度强的尼龙、锦纶布作滤布。其孔眼也要选择得当，通常是选用36号锦纶等化纤布做的滤布比较适宜。当然只要符合上述要求，选用其他材料作滤布也是可以的。

(2) 过滤层（通称糟板）要薄　过滤面积大了，分配在单位面积上的过滤物的数量相对也就少了，过滤层也相对薄了，这样就会加快过滤的速度，过滤的时间也就相应的缩短了。原来的木榨一次要用生丝绸袋100多只，或是板框式气膜压滤机每台要用几十块压板框，其道理都是为了扩大过滤面积。另外，一般要求在压榨前应将酒醅搅拌或翻拌均匀后再上榨，目的在于使酒醅中糟粕等固体物大体上分布均匀些，上榨后厚薄也可均匀些。厚薄均匀了，流酒的速度也可达到一致。如果糟板过厚就很难榨干，即使加大压力，还是会产生板糟干湿不匀的问题，所以，必须做好搅拌或翻拌工作。另外进料上榨也不宜太多或太急，否则将会产生料层厚度不均匀的问题，影响构酒的质量。

（3）要缓慢加压　不论哪种形式的压榨机，开始时都没有加大压力的必要。因为开始时酒液比较多且混有空气，滤布上还没有形成过滤层，如加大压力，液体与空气混合会产生一定的抗力，流速不仅不会加快反而慢，且滤液混浊。所以，开始时应让酒液利用自身的重力慢慢流出来。在流酒的过程中，酒醅里的大粒子糟粕逐步堆积在滤布壁上，顺次向内堆积小粒子，逐步形成了一层过滤层。为了使过滤层保持良好的状态，应让酒先自然流出，这样所形成的过滤层最为理想，所以，加压尽可能推迟些，加压的速度也要避免过快，必须徐徐上升，直至酒液流量已很小，才升到最大压力，将糟板榨干为止。

二、澄清

榨出来的酒液为生酒，俗称“生清”。生清汇集到贮酒池内，多数工厂均采用地下池，因地下池既不占地面积，受气温的影响又不大。池壁涂以大漆或环氧树脂或其他无毒耐酸的涂料以防渗漏。在压榨过程中有些微细的固形物随酒流出，如发酵过程中的菌体及酱色里的杂质等。所以刚榨出来的生酒并不很清，还需静置澄清 3～4d，使少量微细的悬浮固形物逐渐沉到酒池底部。但澄清时间不宜过长，特别是气温在 20℃以上时更应注意，因为酒液本身是带菌的，酒池和空气中都有菌存在，再加上酒液里又有丰富的营养，有利于菌类的繁殖生长，这样就会使酒慢慢混浊起来，严重的酒味还会变酸，以至无法挽救。这种现象俗称“失煎”，在气温高时应特别注意。有的厂在榨酒前，往酒醅里加少量陈石灰浆水，所谓陈石灰浆水，是指溶解好的石灰浆陈放一年以上，这种浆水已充分吸收了空气中的二氯化碳，绝大部分已碳酸化，具有碱性，能中和黄酒里的酸，降低酒的酸度，还能起到酒的澄清作用和改善口味。但加石灰浆水要符合卫生要求，成品酒氧化钙含量最高不得超过 0.05％。

经过澄清的酒液大部分固体物已沉到池底，但还有部分极细小、相对密度较轻的悬浮粒子没有沉下，仍影响酒的清澈度。所以，经澄清后的酒液必须再进行一次过滤。过滤设备一般采用板框式棉饼压榨机，该机压榨板框一共19片，其直径为520mm，过滤的介质为棉纸饼。使用棉饼过滤时要经常清洗滤饼，大约连续过滤20～30t酒，就要清洗棉饼，否则会造成过滤困难，洗压后的棉饼必须当班使用，不允许放置6h以上，否则会生长杂菌，造成质量事故。气温高时还应用沸水进行灭菌，否则同样会生长杂菌，导致酒液混浊而变质。过滤好的清酒应该边过滤边打入高位槽，流入煎酒器进行灭菌。清酒过滤完毕后，贮酒池的沉渣和酒脚可并入将要压榨的酒醅中重新压滤，回收酒液。

第三节 黄酒糟的综合利用

黄酒糟中酒精和淀粉含量比较高，且还有黄酒的香味成分，因此可利用它生产白酒，其风味比较独特，绍兴人俗称“糟烧”。关于用黄酒糟制白酒的方法早在明代《沈氏农书》中就有记载。同时，为充分利用绍兴酒酒糟中的残余淀粉，把第一次蒸馏后的残糟，再加曲（或糖化酶）及酒母（或活性干酵母），通过糖化、发酵、蒸馏，得到第二次白酒，称为复制糟烧。经前后两次发酵，一般100kg黄酒糟可蒸馏得到酒精含量为50%（体积比）的白酒20～40kg。现代黄酒发酵糟的综合利用如图6-1所示，具体加工单元如下。

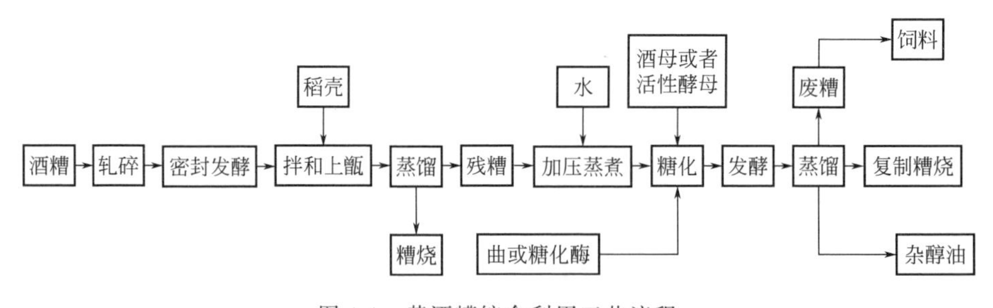

图6-1 黄酒糟综合利用工艺流程

一、头吊糟烧

头吊糟烧采用固态发酵法生产，其工艺操作要点如下。

1. 轧碎

将酒糟压滤后，取出糟板，用轧碎机将糟板轧碎呈疏松细粒状。这就要求压滤时要尽可能地将酒糟压干，否则糟板不易被粉碎均匀，影响出酒率。

2. 发酵

将轧碎的酒糟投入大缸或罐、池等容器，稍踩紧后密封，让黄酒糟残存的淀粉酶和酵母菌在厌氧条件下进行固态酒精发酵一个月左右。发酵过程中要经常检查容器密封是否完好，以防止酒精挥发及酒糟变质。

3. 蒸馏

将发酵成熟的酒糟取出，拌入适量的谷皮（或谷糠），起到疏松酒糟的作用，然后放入单式蒸馏器中蒸馏。操作中要注意：上甑前酒糟与谷皮要充分拌匀，消除疙瘩；上甑要撒得疏松均匀，装得平，不压汽，不能装太满；供汽需均匀；流酒温度要控制在35℃以下。以上述方法制得的白酒就叫头吊糟烧酒，头吊糟烧酒糟香浓郁，口味甘醇柔和，后味深长，是糟烧中质量最上乘之品种。

二、复制糟烧

复制糟烧有固态发酵与液态发酵两种生产工艺。目前为使酒糟中的淀粉充分转化为酒精，大都采用液态发酵法生产，以提高出酒率，固态发酵生产复制糟烧采用的是麸曲白酒的固态发酵法，即采用麸曲为糖化剂，另以纯种酵母培养制成酒母作发酵剂，而原料的糊化在糟烧酒蒸馏过程中同时进行。

液态发酵与固态发酵在操作工艺上基本相同。现将发酵工艺的简单操作要点介绍如下。

1. 固态发酵工艺

熟酒糟出甑后冷却至30℃左右，加入麸曲、酒母以及酒糟质量70%～75%的清水，入池（或缸）密闭发酵5d左右取出，拌入预先清蒸的稻壳，上甑蒸馏即得到复制糟烧。

2. 液态发酵工艺

（1）拌料蒸煮　熟酒糟出甑后不加粉碎，趁热送往拦料池，加水2～2.5倍（加水多少以糖化后发酵糟糖度为8～10°Bx为宜），并搅拌均匀后进行高压蒸煮糊化。

（2）糖化　糊化糟冷却至62℃后，加入酒糟质量1%～1.5%的麸曲，再发酵。糖化结束后将醪液冷却到28℃左右，加入酒母，入罐控温（最高不超过34℃）发酵48h左右即可进行蒸馏。在操作时要做好管道、发酵罐等的杀菌卫生工作，以防杂菌污染，影响酒质。

（3）蒸馏　采用双塔式酒精蒸馏塔进行蒸馏，蒸馏过程中要重视杂醇油的提取和挥发性杂质的排除。

3. 现代发酵

近年来，酒精和白酒生产中采用了商品化的糖化酶和活性干酵母(ADY)，大大简化了现有的酿酒工艺，减少了厂房和设备的投资，节约了粮食，降低了能耗，提高了出酒率和劳动效率，大大降低了生产成本。黄酒糟也是淀粉质原料，同样可采用糖化酶和活性干酵母，其使用方法与其他白酒类似，一种是将活性干酵母先活化后再扩培，然后投入发酵；另一种是活性干酵母经活化后直接用于发酵。

目前，一般使用后一种方法，具体操作过程为：糖化酶用量为原料的0.5%（每1万单位的糖化酶与原料的比例），活性干酵母用量为0.05%(活细胞数为300亿～400亿个/g)。采用液态发酵时，先用40℃温水将糖化醪充分搅拌溶解，加入到60℃糖化醪中搅拌糖化20min，然后将糖化醪冷却至30℃左右，加入按要求活化好的干酵母并送至发酵罐发酵。采用固态发酵时，先在容器中加入糖化酶，再加入40℃的温水，搅匀，静置15min让干燥的糖化酶吸水，然后投入酒精活性干酵母，搅匀，再静置15min，待液面见到小气泡后，便可将活化液投入酒醅，翻拌均匀，进池发酵。

第七章
黄酒的包装和贮存

第一节 黄酒包装

一、黄酒包装的要求

黄酒成品的包装主要是为了便于贮存、保管、运输及有利于新酒的陈酿老熟。自古以来黄酒是采用陶坛包装，直到现在大多数工厂还是沿用这种包装方法。具体操作是在洗净沥干的酒坛均匀地涂上一层石灰浆水，这样既美观，又能起到灭菌作用。石灰浆涂得太厚，不容易均匀，太薄容易流掉，俗称“流浆”。待石灰浆略干后，坛外打上牌印，牌印的内容为厂名、酒的品名；装坛后再填上净重、批次、生产日期。热酒灌坛后用灭菌过的荷叶壳包扎好，糊上泥头就是黄酒成品了，可以入库陈贮或出厂销售。

在包装过程中，首先要做好酒坛的挑选工作。凡是有异杂味及漏坛均要挑出，然后将空坛灌满清水浸渍 1～2d，以便将坛内粘牢的酒脚或污垢等固形物浸离坛底或坛壁，然后进行清洗。洗坛过去是手工操作，后逐步改进，现在已普遍采用洗坛机，大大减轻了劳动强度，提高了工作效率。但酒坛搬上搬下仍然是手工操作，很费劲，还有待于进一步改进。洗好后的酒坛应倒立在木架上沥尽余水，沥干水后的酒坛涂上一层石灰浆水，略干后打上牌印，并整齐地堆叠在放酒间备用。一般新坛不能用来装灌成品酒，装过酒醅的旧坛方可灌装成品酒。

灌酒前，要做好酒坛的灭菌工作。将已洗好的空坛倒套在蒸汽消毒器上，用蒸汽冲喷的办法对空坛进行灭菌，其标准是坛底边角烫手为准。另外，由于坛上已涂上石灰，如有破漏，在蒸汽冲喷时容易被发现。灭菌好的空坛标上坛重，并应立即使用。如放置 30min 以上应重新灭菌方可使用。所用的荷叶壳都要在沸水中灭菌 30min 以上方可使用。热酒灌好后不得露口超过半分钟，应立刻盖上消毒荷叶并加盖灭菌箬壳，随即用竹丝或麻丝紧扎坛口。包扎好的酒横倒打滚一圈，不得有渗漏现象。扎好坛口后趁热糊封泥头，因为刚灌好的热酒温度很高，足以杀灭空气中的菌类；与此同时还可利用热酒的热量将已扎好的荷叶箬壳及泥头里的水分迅速蒸发掉，否则封口的荷叶箬壳会因潮湿时间长而发霉，而造成质量事故。另外，泥头大小各厂不同，一般泥头高为 8～9cm，直径为 18～20cm。灌好热酒要马上用荷叶箬壳封好坛口，以便在荷叶与酒的液面之间形成一个酒蒸汽的饱和层，使冷却后的蒸汽凝结成液体回到酒液里，形成一个少氧或无氧、近似真空的保护层。

用泥土封口的作用是为了隔绝空气中的微生物，使其在贮存期间不能从外界侵入进去，并且还兼有便于贮存期间堆积的好处，否则占用仓库面积就要大大增加，仓的基本建设费用亦要增加。但由于泥头封口的加工麻烦，一个泥头有好几斤重，增加运输费用，而且既不卫生，又影响文明生产，为此有的工厂已不用泥头封口。实践证明，只要做好灭菌工作，以及严密封口，就不必担心酒的变质，取消泥头之后，可以大大节约运输费用。用陶坛包装成品酒的缺点还有：在贮存和搬运时，酒坛堆叠和取下，劳动强度很大，包装和搬运都不易实现机械化生产，外表不太美观，再加上烂泥封口更有碍观瞻，不适宜宾馆、餐厅及旅游服务商店陈列销售。

据工厂不完全统计，在一般情况下，贮存期每年平均损耗率为 2%～3%，因此，贮存期愈长，损耗就愈大。目前来说，瓶装黄酒更受欢迎，更方便运输。瓶装黄酒最基本的包装构成包括酒瓶、瓶盖、酒标三部分，一些高档礼盒装黄酒还在瓶子外包装纸盒、木盒等。包装精美的瓶装黄酒不仅给消费者物质上的美味享受，同时也满足了消费者视觉上的审美需求。

目前，瓶装黄酒的酒瓶真可谓丰富多彩、琳琅满目，从酒瓶的造型上看，有圆形瓶、方形瓶、扁圆形瓶、多角瓶、异形瓶等；从酒瓶的材料上看，则有陶瓷瓶、玻璃瓶、塑料桶（袋）、金属易拉罐等。但是不管瓶装黄酒采用何种形式包装，其材料必须满足以下要求。

① 对人体无毒害，包装材料中不得含有危害人体健康的成分。

② 具有一定的化学稳定性，不能与黄酒发生作用而影响产品质量。

③ 加工性能良好，资源丰富，成本低，能满足工业化的需求。

④ 有优良的综合防护性能，能较好地保持黄酒的色、香、味等特色。

⑤ 耐压，强度高，质量轻，不易变形、破损，而且便于携带和装卸。

二、包装材料的分类

1. 玻璃瓶

黄酒包装广泛采用的形式是玻璃瓶，瓶装黄酒用的玻璃瓶除了相应的技术规定外，还需满足下列基本要求：

（1）玻璃质量　玻璃应当熔化良好均匀，尽可能避免结石、条纹、气泡等缺陷；无色玻璃瓶透明度要高，带颜色玻璃瓶其颜色要稳定，并能吸收一定波长的光线。

① 应具有一定的化学稳定性，不能与黄酒发生作用而影响其质量。

② 应具有一定的热稳定性，以降低杀菌及加热、冷却过程中的破损率。

③ 应具有一定的机械强度，以承受内部压力和在搬运与使用过程中所遇到的震动、冲击力和压力等。

玻璃应按一定的容量、重量和形状成型，不应有扭曲变形、表面不光滑平整和裂纹等缺陷。玻璃分布要均匀，不允许有局部过薄或过厚，特别是口部要圆滑平整，尺寸要标准，以保证密封的质量和便于开启。

（2）容量　容量分公称容量（即灌装容量）和满口容量。满口容量一般为罐装容量 105%，这是为瓶装黄酒因加热杀菌引起酒液膨胀而设定的。

2. 陶瓷瓶

我国是使用陶瓷制品历史最悠久的国家。陶瓷制品用作食品包装容器主要有瓶、罐、缸、坛等，它主要用于酒类等传统食品的包装，陶瓷包装容器的耐火、耐热与隔热性能比玻璃包装容器要好，且耐酸性能优良，透气性极低，历经多年不变形、不变质。陶瓷包装容器原材料资源丰富，废弃物不污染环境；与塑料、复合材料制作的包装容器相比，陶瓷更能保持黄酒的风味。

用陶瓷容器包装的食品常给消费者以纯净、天然、传统的感觉。陶瓷包装容器的优点是可利用其特有的色彩和造型来塑造商品形象，体现悠久的黄酒文化和传统的民族特色；缺点是与玻璃容器一样，陶瓷包装容器重容比大，易破碎，容器不透明，生产率低，且一般不可重复使用，故成本较高。

（1）制造工艺　瓷瓶的制造工艺如下：原料配比→泥坯成型→干燥→上釉→焙烧。

（2）艺术性　陶瓷瓶应与被包装黄酒档次相适应，作为包装容器，首先应满足其包装功能，然后考虑其包装的艺术性。一般的包装采用的是以陶土、河土等为主要原料制成的陶器，高档的则采用以高岭土、长石和石英为原料制成的瓷器并加以装饰。

（3）实用性　造型应具有陈列价值，且便于集装运输，因此要避免造型上的重复，还要节省空间，并具有良好的强度和刚度。厚薄要适宜，瓶口应符合标准，封口后要做到密封可靠，且便于加工和包装。满口容量能满足灌装容量及膨胀需要。

（4）一致性　商标与装饰应与陶瓷容器风格一致；便于批量生产与运输，包装成本低。

（5）陶瓷瓶的卫生安全　陶瓷瓶的卫生安全问题，主要是指上釉陶瓷表面釉层中的重金属元素铅或镉的溶出。一般认为，陶瓷瓶与玻璃瓶一样，无毒、卫生、安全，不会与食品发生任何不良反应。但长期的研究观察表明，釉料特别是各种彩釉中所含的有毒重金属，如铅和镉等易融入包装的酒液中去，造成对人体健康的危害。因而，应选用无色的釉料，特别是瓶体内部表面的釉料。

3. 酒瓶瓶盖

由于黄酒的酒瓶形式多种多样，因此与其相配套的瓶盖无论是样式还是材质，其品种也较多，有金属制的皇冠盖、木头或木屑压制成的软木塞、金属或塑料制的螺旋盖等。

（1）皇冠盖　皇冠盖又称王冠盖、齿轮式瓶盖，盖紧后形如锯齿，盖在酒瓶上形如王冠。盖内有衬垫，与瓶口接触紧密，形成密封。皇冠盖材料为普通马口铁板，经印刷、冲压成型后黏接或胶注衬垫。衬垫应平整无缺陷，与瓶盖黏接牢固，同时具有一定的弹性和韧性；既要保证密封，又不能成为污染源；一般要求无毒、无异味、无异臭，其浸泡液不应有着色、异臭味及荧光等现象。瓶盖应具有良好的耐腐蚀性，漆膜有良好的耐磨性。

（2）螺旋盖　螺旋盖用于螺旋口的瓶子，与瓶口螺旋相配合，盖内有衬垫，瓶口上沿必须平整才能保证密封。螺旋盖一般用铝或塑料等材料制成，螺旋盖选择哪种材料需根据瓶形和用途来决定。衬垫分为嵌入衬垫、筋形衬垫和模塑衬垫 3 种。螺旋盖分为普通螺旋盖、扭断螺旋盖和止旋螺旋盖，黄酒包装上一般采用铝制扭断螺旋盖。

在扭断螺旋盖的下部有间断刻线，将盖分为两个部分，扭断刻线即开启，并留下开启痕迹，不能复原，因此这种盖又称“防盗盖”。被扭断的残盖就成为普通螺旋盖，仍可进行再密封，因此这种盖具有防盗性和再密封性。扭断螺旋盖一般适用于瓶口直径为 18～38mm 的瓶子。

（3）软木塞　软木塞有两种，一种以树的树皮为软木制成软木塞，也称天然软木塞；一种是以软木屑黏合加工制成的软木塞，也称合成软木塞。软木密度低，可压缩，不渗水，与液体接触也能长期不腐，表面可以抛光，因此很适宜做瓶塞，尤其是天然软木塞更以它优越的密封性和微氧化透气性的完美结合而被众多酒厂使用。天然软木塞产量较低、价格较高，而合成软木塞其弹性及封闭性能均能达到要求，且具有操作不掉渣、价格低的优点，因而被越来越多的酒厂使用。

三、酒标

1. 酒标的定义

酒标是表示酒的品名、品牌、性能、容量及生产企业的一种标记。酒装入玻璃瓶、陶瓷瓶或其他容器后，贴上印刷的标签或直接印上标签、标记，挂上标踪，用来说明内容物，这种专用于酒的标签或标记统称酒标。

2. 酒标的分类

酒标可根据其在瓶身上的不同部位分为封口标、顶标、全圈颈标、胸标、颈标、前标、背标、全身包标、腹标、肩标、身标。封口标（又称骑马标），从瓶盖的一面通过瓶盖顶贴在瓶盖的另一面，起到保护商品原装的作用。顶标，贴在瓶盖的顶部，也有直接冲压或注塑或印在瓶盖上的，顶标大部分用商标或生产厂的专用标记。全圈颈标，贴在瓶颈一圈，有封口、保护原装和美化的作用。胸标，有些酒标造型突出瓶的胸部。前标、背标，有些酒在瓶身上贴两个标，前者为酒名、厂名等装潢图案，后者为酒的说明或配方，大部分玻璃瓶装黄酒采用此类酒标。全身包标，在瓶身上贴一圈，内容多包括品名、厂名、装潢图案及酒的说明、配方等。

3. 酒标的表现形式

酒标大多数为纸质的，印刷工艺高级，印工精细讲究。根据不同品种需求，大致可分为粘贴（纸张类）、丝网印（漆印）瓶身、瓶身彩绘、瓶身浮雕、陶瓷贴花这 5 种表现形式。

4. 酒标的作用及特点

酒标不仅告诉消费者酒的品质、容量、产地等，还可使人们在酒标上领略酒的风味及品格。酒标的优劣往往决定我们对酒质量好坏的感性评价，在市场竞争中将直接影响产品的销售与企业的声誉。从商品装潢效果看，一件好的酒标一般具有以下特点。

（1）有远看效果　一瓶酒放在五彩缤纷的同类酒中间时，有某种特色会令人注目。例如，当其放在橱窗或货架上时，要让人感觉到它形象鲜明，风味独特。

（2）有近看效果　当消费者拿起酒瓶放在手中细看时，酒标上的画面经得起欣赏玩味，让人乐于接受。

（3）从长远效果考虑　有经久耐看的效果，能达到保存、收藏的效果。

第二节　黄酒的贮存

一、黄酒贮存的意义

黄酒贮存的过程，也就是黄酒老熟的过程，通常称为“陈酿”。黄酒是一个复杂的有机体，刚酿成的黄酒各成分的分子很不稳定，分子之间的排列又很混杂，特别是黄酒的主要成分——乙醇分子中的羟基大量暴露在外面，使得黄酒的口感比较粗糙、暴辣，风味不柔和、不协调。另外，刚酿成的黄酒还存在香气不足等缺点。要改变这些缺点，除了在原料上加强把关、工艺操作上加强管理外，最重要的途径就是通过贮存陈酿。黄酒贮存陈酿的意义主要有以下几方面。

① 降低了酒精的活度，使黄酒口味变得柔和、协调、绵软。

② 使黄酒中的醇与有机酸有足够的时间经酯化反应生成含量丰富的香味物质，增加黄酒的香气。

③ 使黄酒中大量的不稳定物质通过相互凝聚、吸附发生沉降，使酒体的非生物稳定性得到较大的提高。

④ 作为高档年份酒的酒基，其产品的附加值随贮存陈酿年份的不断增长而增加。

正是由于黄酒的贮存陈酿能大大提高产品的品质和经济价值，因此在各类黄酒的生产中，都将黄酒的贮存陈酿作为其酿造的一道后熟工序，并在生产工艺上规定了一定的贮存期。

黄酒在坛中贮存的年份可以用“酒龄”来表示。酒龄是黄酒贮存工艺中的一个专业词汇，酒龄是指发酵后的成品酒在酒坛、酒罐等容器中贮存的年限。因此，它不等同于市场上出售的瓶装年份酒中所标注的酒龄。

二、物质的变化

黄酒是有生命的，黄酒在陶坛中贮存，由于缓慢的微氧化作用，使其不停地进行着“呼吸”。因此在贮存期间黄酒的生化反应虽已停止，但其复杂的化学反应与物理反应仍在进行，如氧化反应、结合反应、酯化反应、分解反应、分子内部反应、分子之间的缔合反应等。

1. 醇的变化

黄酒中醇的种类较多，但总的趋势是逐年递减。以黄酒中含量最高的醇类物质乙醇为例，酒精度为18%～19%的新酒，经15～20年的正常贮存后，其酒精度下降至15%～16%。黄酒贮存期间减少的乙醇，其去向大体可分为3个方面：一是乙醇在微氧化作用下被氧化成乙醛，乙醛再进一步被氧化成乙酸；二是乙醇与有机酸反应生成酯；三是乙醇通过陶坛、坛口泥头中的微孔挥发逸出。

2. 醛、酸的变化

醛、酸类物质在贮存过程中总量呈上升趋势。虽然大部分的醛类物质、有机酸为低沸点的挥发性物质，在贮存过程中由于挥发、逸出，使其有所损失，但同时因醇不断地被缓慢氧化成醛、酸，使得醛、酸的量又得到补充，且补充的量要大于损失的量，因而使得醛、酸的总量在贮存过程中仍然呈上升趋势。

3. 酯的变化

酯是黄酒的主要呈香物质。黄酒在贮存过程中越陈越香，就是酯类物质逐年增加的最好反映。因此，随着贮存年份的增长，黄酒中总酯的量也在不断增加。以黄酒中含量最多的乳酸乙酯为例，其逐年的增加率为10%左右。另外，由于黄酒中醇类物质和有机酸种类相当丰富，使得经过多年贮存的黄酒中由酯化反应生成的酯的种类也十分丰富。

4. 固形物的变化

固形物是绍兴黄酒酒体感官中醇厚感的主要贡献者，其含量与成分均比较丰富。黄酒中的固形物主要包括糖类、蛋白质、肽类、游离氨基酸、淀粉、糊精、酚类、矿物元素、有机酸盐等和其他一些高沸点非挥发性物质。在黄酒的贮存过程中，由于挥发性成分的退出，造成酒的体积减小以及一些有机酸盐等的生成，使黄酒中的固形物随贮存年份的增长而有所增加。

5. 氨基酸的变化

黄酒中氨基酸类物质含量比较丰富，其不但包含了常规检测到的18种氨基酸（α-氨基酸），同时还包含了一些γ-氨基酸，如γ-氨基丁酸。在贮存过程中，氨基酸一部分作为有机酸参与了酯化反应，另有一部分与铁离子等结合生成柯因铁等凝聚物而沉淀下来，因此黄酒中游离氨基酸在逐年减少。

三、物理特性的变化

1. 电导率的变化

黄酒中的电导率随贮存期的延长而明显增长，这可能是因为随着贮存时间的增加，醇类氧化使酸含量增高的缘故；另一原因是酒中的其他组分，尤其是乙醇与水分子的缔合作用，也使黄酒的电导率有所提高。因此，电导率可从一个侧面反映酒的老熟程度。

2. 氧化还原电位的变化

黄酒的氧化还原电位在贮存期间会有所下降，这是因为贮存期间黄酒中的氧化物质减少，还原物质增加，在较低的电位下，有利于香味物质的形成，使陈酒醇香浓郁。

四、风味的变化

1. 色泽的变化

贮存期间，黄酒的色泽随贮存时间的增加而变深，这主要是酒中的糖分与氨基酸发生了美拉德反应，生成类黑精物质所致。一般地，黄酒中的糖类、氨基酸含量越高，越可加速色泽变深。另外，酒体 pH、贮存温度越高，也易使酒色变深。甜型黄酒由于含糖量高，虽然酒体中没有添加焦糖色，但经一段时间的贮存后其酒色也会变得较深。

2. 香气的变化

黄酒中的香气是其中所含的各种挥发性成分综合反应的结果，它是融合醇香、曲香、酯香、焦糖香、荷叶清香等于一体的复合香。黄酒在贮存过程中，酯化等反应的不断进行，构成黄酒主体香味的酯类物质等的不断增加，使得黄酒的香味愈加浓厚。

3. 气味的变化

黄酒经过贮存陈酿之后，口味由辛辣变成醇厚柔和。黄酒贮存期间，受乙醇的氧化、酯化反应以及乙醛的缩合、乙醇与水分子的缔合作用等的共同影响，再加上氧化物质与还原物质随贮存年份的变化而引起较大的改变，以及其他各种复杂的化学反应，使得黄酒酒体风味发生了明显的改变。

另外，用曲量多的甜酒、半甜酒等，其中糖分、含氮量较高，如果贮存时间过长会给酒带来过重的焦糖苦味。

五、黄酒贮存（陈酿）条件

1. 贮存容器

陶坛贮酒是黄酒的特色之一。用于黄酒贮存的陶坛品种、规格较多，利用陶坛贮酒具有以下优点。

（1）透气 陶坛是由黏土烧结而成，内外涂以釉质，坛壁上有陶土烧结形成的细孔，其直径大于空气分子。因此，酒液虽在坛内封藏，但因空气的通透作用，使黄酒一直处于微氧状态，为酒体氧化反应的进行创造了条件。

（2）禁水 陶坛贮酒的另一特点是封口材料也具有空气的通透性。它采用荷叶、箬壳扎口，上封黏土。黏土致密，能防微生物侵入酒液，干燥后又能通透空气。荷叶表面有一层纳米级的膜，能透气但不透水，也具有防止微生物侵入的功能，同时能为黄酒提供淡雅的植物清香。

（3）矿物质 陶坛和坛表面釉的主要化学成分为以 Na、K、Ca、Mg、Al 为主体的 SiO_4 材料，其中辅以 Fe、Mn、Cr、Cu、Pb、V 等变价元素。

酒中各类有机物，特别是醇类、醛类物质在微量氧的通透存在下，在坛的内表面发生接触性催化氧化作用，陶土中的一些变价金属元素在高温烧结时形成高价态，在黄酒装坛后形成自然的氧化催化剂，把部分醇、醛氧化成有机酸。

2. 仓库条件

由于黄酒是低酒精浓度饮料酒，因此长期贮酒的仓库终年温度最好能保持在5～20℃之间。过冷会减慢陈化的速度，过热又会使酒精等低沸点物质挥发损耗，同时还有使酒发生混浊变质的危险，因此黄酒最好能在温度、湿度变化较小的地下室或地窖中贮存。但是由于地窖或地下室建造成本较高，面积不大，不能进行大批量黄酒的贮存，因此目前黄酒的贮存还是以地面仓库为主，且仓库必须具备以下条件：通风良好、高大、宽敞、阴凉、干燥、室温波动小。堆好的黄酒应避免阳光直射和雨水淋湿，库内环境符合卫生要求。

3. 不锈钢大罐贮酒技术的发展

陶坛贮酒虽利于陈化的进行，但也存在不少缺点：一是贮存要堆幢，每年要翻幢，劳动强度较大；二是陶坛外观粗糙，影响美观，不利搬运；三是陶坛容积较小，不利于保证同一批次黄酒质量的一致性；四是占地面积大，在土地资源日益紧张的今天，不利于土地的有效利用；五是酒损比较大，每年因运输、搬动等原因造成的酒损在2%～3%之间。

早在20世纪70年代初，大容器贮酒技术已在福州酒厂试验成功。绍兴黄酒也于1988年完成了大容器贮存的研究。大罐贮存的罐体材料采用不锈钢，并按照分级冷却、热酒进罐、补充无菌空气的工艺路线进行。1994年，该技术在中国绍兴黄酒集团有限公司、绍兴东风酒厂被正式推广应用，大罐容量为50m^3。但是由于当时不锈钢材质不好，使得贮存后的黄酒带有金属味。另外，大罐致密的结构阻止了外界氧气的持续进入，影响了黄酒贮存过程中氧化反应的进行。因此，经大罐贮存的黄酒其风味没有陶坛贮存的好，其质量问题也不断出现，使得该技术得不到很好的推广和利用。但是近年来，由于不锈钢材质的不断改进、新型涂料的不断开发、检测水平的提高以及其他新技术的发展，使得大罐贮存技术水平又有了明显提高，经贮存的黄酒其风味、质量基本上可与陶坛贮存的黄酒相媲美，因此采用大罐贮酒代替陶坛贮酒指日可待。

4. 黄酒陈化技术的发展

黄酒的贮存陈化时间较长。绍兴黄酒从酿造、煎酒、灌坛到作为成品酒出售，基本需要1～3年的贮存期，这不利于企业资金的周转与快速发展。因此，如何通过先进的技术手段加快黄酒的陈化速度，缩短黄酒的贮存陈酿时间，引起了许多研究人员的兴趣。目前，关于黄酒陈化技术的研究主要集中在高压、红外、微波、辐射、化学催化剂、纳米技术等领域，并取得了一定的进展。

第三节 成品黄酒的质量和稳定性

全国黄酒品种繁多，其质量也参差不齐。黄酒的质量主要是通过物理、化学分析和感官品评的方法来判断。通过物理、化学分析能了解酒的基本物理状态和化学组成，以及是否符合卫生要求，而黄酒的色、香、味、格（酒体）主要依靠人们的感官品评来掌握。黄酒质量除了要符合国家管理部门颁布的有关质量标准外，还要在酒的色、香、味、格4个方面符合一定的要求。

一、黄酒的色泽

黄酒品种不同、贮存时间不同，其色泽深浅也不同。黄酒色泽来源主要有以下几个途径。

① 酿造原辅料直接带入。

② 麦曲中霉菌分泌的微生物色素。

③ 酿造过程中添加的焦糖色等色素。

④ 贮存陈化过程中糖与氨基酸发生美拉德反应生成的类黑精物质。

⑤ 水中某些能起氧化还原作用的金属离子（锌、铁、锰等）。

色泽是黄酒进行感官品评的第一指标。质量优秀的黄酒其色橙黄（或符合本类型黄酒应有的色泽，如橙红、黄褐、深褐等），清亮透明，有光泽，无沉淀物，无悬浮物。

二、黄酒的香气

黄酒的香气不是指某一种化合物的突出香气，而是一种由黄酒中多种挥发性成分组成的复合香。黄酒的香气包含了黄酒发酵过程中产生的酒香、原料曲特有的曲香、黄酒贮存过程中产生的焦香和酯香、绍兴酒陶坛封口用荷叶的清香等。因此，黄酒芳香成分与酿造原料、麦曲（或米曲）、生产工艺及贮存时间等都有着密切的关系。

对于黄酒香气成分的组成，自20世纪80年代起就有专业人员开始进行研究。特别是进入21世纪以来，由于气相色谱技术、气相色谱质谱联用技术等先进检测技术的运用以及顶空、固相微萃取等样品前处理技术的相继开发，研究人员从黄酒中分析出香气成分100多种。综合相关的分析资料证明，黄酒中的香气成分主要由醇类、酯类、醛类、挥发酸等组成。

1. 酯类

黄酒中的酯类主要是由乳酸乙酯、乙酸乙酯、甲酸乙酯和己酸乙酯共同形成的一种果香气，这也是黄酒越陈越香的气味。黄酒中的酯类除了上述几种外，还有丙酸乙酯、丁酸乙酯、戊酸乙酯、油酸乙酯等。

2. 醛类

黄酒中的醛类主要是乙醛，还有少量的异丁醛、异戊醛、苯甲醛、苯乙醛、糠醛以及乙醛与乙醇缩合成的乙缩醛，具有一种清醇的果香味。它既是白酒的香气，也是黄酒类的陈香气。

3. 挥发酸

黄酒中的挥发酸以乙酸为主，少量的还有丙酸、异丁酸、己酸、苯甲酸、苯乙酸等10多种。

4. 醇类

黄酒中的醇类以苯乙醇、异丁醇、异戊醇、仲丁醇等高级醇为主，尤其是含量较多的苯乙醇，具有清甜蜜样的香气，它与上述酯、醛、挥发酸等组分融合成协调细腻的黄酒香气，从而赋予黄酒愉悦、柔和、优雅、诱人的感觉。

三、黄酒的滋味

黄酒中的风味物质非常丰富，从大量的感官品评和理化分析得出，其风味物质主要是由甜、酸、苦、辣、涩、鲜六味融合在一起，形成一种醇和、柔顺、丰满、浓郁、圆润、浑厚、悠长的感觉形象，兼有香、醇、柔、绵、爽的综合风味，使人回味无穷。

1. 甜味物质

黄酒中的甜味物质以糖化发酵过程中残余的糖类物质为主，主要是葡萄糖（占总糖量的50%～60%），还有糊精、麦芽糖、异麦芽糖等低聚糖。除了糖类物质，黄酒中的甜味物质还有发酵过程中脂肪在酶的催化下水解产生的甘油；蛋白质在酶的作用下水解产生的甜味氨基酸，如丙氨酸、甘氨酸、组氨酸等。

另外，据研究发现，黄酒中还含有一种新的糖类物质——乙基-λ-D-葡萄糖，简称λ-EG糖。该糖系葡萄糖与乙醇脱水缩合而成，该物质极易溶于水和无水乙醇，属非还原性糖，口味与葡萄糖相似。据测定，该糖在绍兴加饭酒中的含量为4.2g/L，在善酿酒中的含量为11.4g/L，在陈年封缸酒中的含量为1.2g/L。

2. 酸味物质

"无酸不成味"，酸在黄酒中起着增加浓厚感和减少甜味的作用。酸在陈酿过程中与乙醇作用生成芳香酯类，使酒更香，酸还具有缓冲作用，能协调其他口味的物质。黄酒作为多菌种参与的发酵酒，其中的酸含量十分丰富，且以有机酸为主，其中乳酸、乙酸占有机酸总量的76.25%左右，其他还有琥珀酸、焦谷氨酸、柠檬酸、酒石酸、葡萄糖醛酸等。黄酒中的有机酸来源途径主要有以下3个。

① 来源于原料、麦曲、酒母等，但量不多。

② 来源于浸米、发酵过程中酵母、细菌（以乳酸杆菌为主）等的代谢产物，是黄酒中酸主要的来源途径。

③ 在贮存陈酿过程中由醇、醛等氧化产生。由于黄酒有机酸含量丰富，味感独特，能增加酒体的浓厚感，因此有机酸是构成黄酒风味的重要物质之一。

3. 鲜味物质

黄酒中氨基酸的含量相当丰富，其中的谷氨酸、天冬氨酸、赖氨酸等都具有鲜味，是黄酒中主要的鲜味物质。此外，蛋白质水解所生成的多肽和含氮碱类物质、琥珀酸、酵母自溶所产生的5-核苷酸类物质等也具有鲜味。这些物质与氨基酸一起赋予黄酒入口鲜爽、后味鲜长的独特风味。

4. 苦味物质

黄酒中的苦味物质主要是某些具有苦味的氨基酸、肽、丁酸、5-甲硫基腺苷和胺类等物质。另外，黄酒（特别是含糖量高的半甜、甜型黄酒）

随贮存时间的延长，会增加其焦苦味；用曲量多也会带来苦味；采用熟曲的黄酒苦味要比用生麦曲的重。苦味是黄酒的诸味之一，在极其轻微的情况下赋予黄酒刚劲爽口的风味，但苦味过重则会破坏酒的协调。

5. 涩味物质

黄酒中的涩味物质主要是乳酸、酪氨酸、缬氨酸和亮氨酸等物质，这些物质过量时，涩味难耐。此外，黄酒在酿造过程中由于酸度过高而需添加石灰中和，这也会增加酒的涩味；酿造用曲质量差也会给酒带来涩味，是酒味不纯的表现。但黄酒需要保持适度涩感，以增加其浓厚的调和感。黄酒在陈放过程中，这些成分会呈减少趋势，有利于其达到涩感适中的理想状态。

6. 辣味物质

黄酒的辣味物质是由乙醇、高级醇和醛类物质等构成的，尤以乙醇为主。新酿的黄酒辛辣味较明显。在陈酿过程中，乙醇通过酯化、缩合和分子缔合作用，与其他成分相亲和，从而使酒质变得柔和、爽适，酒体完善协调，因此也就觉察不出酒精的刺激、辛辣和粗糙感了。

四、黄酒的风格

风格，即典型性，它是黄酒中色、香、味的总和，代表某一种风格是在特定的原料、酿造工艺、产地及历史条件下形成的。在进行黄酒品评时，综合判断酒的风格，需从以下 3 个方面来衡量。

① 酒体各种成分的组成是否充分协调。

② 酒质、酒体是否优雅。

③ 酒体是否具有独特的典型性。

五、黄酒的混浊及预防

黄酒的混浊沉淀是影响黄酒质量，特别是瓶装酒外观品质的重要因素，其形成的原因非常复杂。黄酒的混浊包括生物性与非生物性两个方面。

1. 黄酒的生物性混浊

黄酒的生物性混浊主要是在生产、贮存过程中污染了乳酸菌、醋酸菌等所引起的。其现象表现为酒体呈胶状混浊，酸度升高，有时会出现异味、异气，俗称“怪味”，严重的甚至发臭。

有时也会因污染霉菌引起。为防止黄酒生物性混浊的发生，应采取以下措施进行预防。

① 严格按酿造工艺规定控制黄酒的发酵过程，尽可能地避免杂菌的污染。

② 认真做好酿酒场所、器具、贮酒容器、输酒管道等的卫生工作。

③ 按工艺规定严格掌控好煎酒、灭菌的温度及时间。

④ 认真做好酒坛、荷叶、箬壳、竹丝等的清洗与灭菌工作。

⑤ 不用漏坛装酒。

⑥ 灭菌灌坛后的黄酒应立即用荷叶、箬壳严密封口，并用竹丝扎紧，开口暴露时间控制在半分钟以内。

⑦ 按生产时的气温高低掌握好澄清在澄清池或贮酒罐内停留的时间，以免杂菌污染。

2. 黄酒的非生物性混浊

黄酒是一个极不稳定的胶体溶液，素有“千层脚”之说，指的就是黄酒的非生物性混浊现象。据研究人员对黄酒中沉淀物的分析测定表明，引起黄酒非生物性混浊的主要物质是蛋白质（特别是大分子蛋白质），其他还有焦糖色、多糖、多酚、铁离子等。其机理主要为：蛋白质-多酚缔合析出、蛋白质-Fe^{3+}螯合析出、蛋白质-多酚缔合物与Fe^{3+}螯合析出以及一些带异种电荷粒子间相互吸附析出。黄酒的非荷粒子间相互吸附析出，黄酒的非生物性混浊主要表现为酒体遇冷混浊、自然存放过程中沉淀物析出并聚集于容器底部。黄酒的非生物性混浊对黄酒的内在质量影响不大，但对黄酒的外观品质则有较大影响。

由于引起黄酒非生物性混浊的原因相当复杂，目前还没有一种较好的方法来完全解决这一问题，因此我们只能从减轻黄酒非生物性混浊现象入手，采取以下措施加以控制。

① 把好原料的质量关，适当提高大米的精白度。

② 在保证糖化发酵正常进行的前提下尽可能地减少用曲量。

③ 严格按生产工艺规定的要求酿造黄酒，避免未成熟酒醅的压榨。

④ 坛酒煎酒、瓶酒杀菌后必须摊冷后才入库。

⑤ 仓储条件必须符合黄酒贮存的要求。

⑥ 坛酒搬运、运输过程中尽量避免剧烈的震动。

⑦ 仓储酒搬运至过滤室后，应保持一定的静置时间，取酒时用虹吸的方法吸取上层清液。

⑧ 黄酒在澄清池中有足够的澄清时间，并割除池底酒脚。

⑨ 有条件的企业可在黄酒前处理时适当添加澄清剂或进行冷冻处理。

⑩ 尽可能地提高黄酒的过滤精度。

⑪ 黄酒生产过程中尽可能地避免酒液与铁质容器直接接触。

六、黄酒的褐变及控制

黄酒中的糖类物质、氨基酸类物质在贮存过程中，通过美拉德反应生成类黑精类物质，加深了黄酒的色泽，特别是含糖、氨基酸的量较多的半甜型、甜型黄酒，贮存时间过长，使酒色变得很深，并带有较重的焦苦味，这种现象俗称“褐变”。适当的褐变有利于改善黄酒的风味，但褐变严重会使黄酒的质量变差，从而使其成为黄酒的一种病害。因此，黄酒在生产、贮存过程中必须根据品种的不同采取相应的措施，控制黄酒的褐变进程。

主要措施如下：

① 在黄酒酿造过程中减少麦曲的用量，以降低酒内氨基类物质的含量，从而减缓美拉德反应的速度。

② 适当增加酒的酒精度、酸度。

③ 降低酒中铁、锰、铜等的含量。

④ 降低黄酒的贮存温度。

⑤ 控制好黄酒的贮存时间，特别是半甜型、甜型黄酒的贮存时间不宜过长。

第八章

经典黄酒生产工艺

第一节 麦曲类黄酒

一、干型黄酒

干型黄酒总糖含量在15.0g/L以下，以绍兴元红酒为代表。一般干型黄酒配制时加水量比较大，发酵较为彻底，酒中的浸出物相对较少，因而口味相对比较淡，下面对麦曲类干型黄酒加以介绍。

麦曲类黄酒根据其生产工艺不同，一般有淋饭法、摊饭法、喂饭法3种操作方法。淋饭法和摊饭法是因饭料冷却方法不同而得名，而喂饭法则是发酵时采用逐步添加饭料的方式而得名。前面介绍的淋饭酒和绍兴元红酒分别是用淋饭法和摊饭法制成的，这里重点介绍喂饭黄酒。喂饭发酵法是将酿酒用的原料分成几批，第一批先做成酒母，在培养成熟阶段陆续分批加入新原料，起扩大培养、连续发酵的作用，故它是使发酵继续进行的保证。喂饭法酿酒在我国已有极其悠久的历史。早在东汉时，曹操就酿出了闻名一时的“九配酒”，这种酒是用“九投法”酿成的。所谓“九投法”，就是分9次递加原料，达到酒质优美、风味醇厚的目的。《齐民要术》上记载的酿酒法，也有三投、五投和七投的方法。历史上这些酿酒的方法和现在黄酒酿造的喂饭法是一脉相承的。这种多次投料喂饭、连续发酵的喂饭发酵法，与近代递加法发酵实际上是相同的。可见，用喂饭法酿制黄酒是我国古代劳动人民根据微生物发酵规律所创造的一种先进的发酵方法。

1. 工艺

用糯米做喂饭酒，工艺比较简单。这里主要介绍以粳米原料为主的工艺流程。原料配方以每缸为单位，其物料配比如下。

① 淋饭酒母用白粳米（标准一等，下同）50kg。

② 第一次喂饭白粳米 25kg。

③ 第二次喂饭白粳米 50kg。

④ 黄酒药 180～200g（做 50kg 淋饭酒母用），麦曲 8％～10％（按淋饭酒母加喂米总数的耗用率）。

⑤ 总控制量为 165kg。

加水量＝总控制量－(淋水后的平均饭重＋用曲量)

2. 工艺流程

粳米喂饭黄酒的酿造工艺流程如图 8-1 所示。

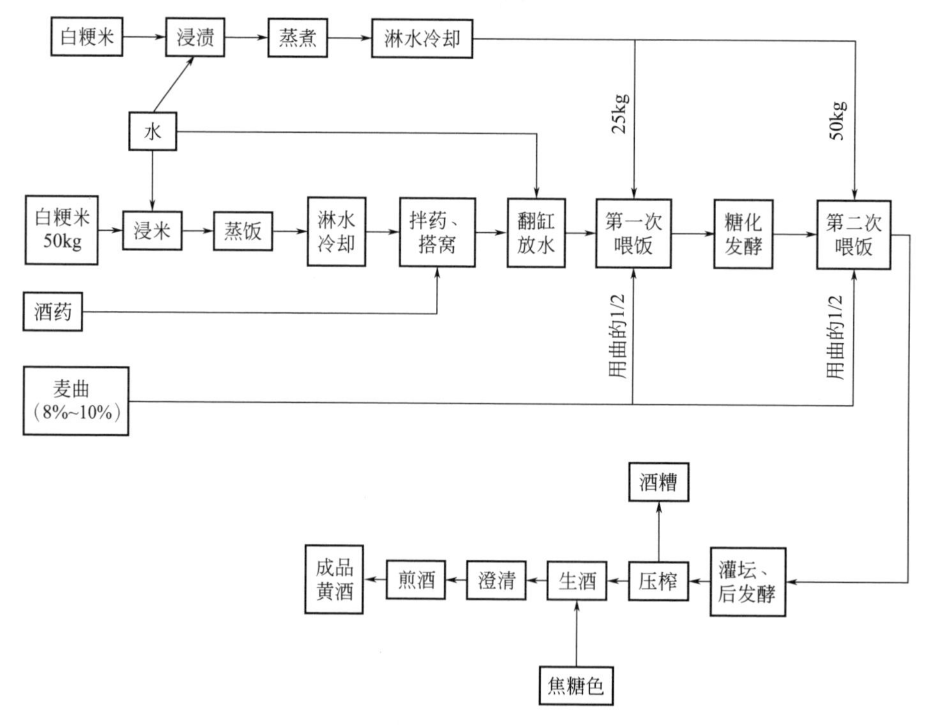

图 8-1　粳米喂饭黄酒的酿造工艺流程

3. 工艺特点

多次大罐发酵，可增加投料量，并用少量的酒药和酒母就可酿成大量的黄酒。

① 发酵温度等工艺条件便于控制和调节，对气候适应性也较强。发酵旺盛、发酵液翻动剧烈，对于大罐发酵有利于自动开耙。长期的实践证明，喂饭法便于降温和掌握发酵温度，不易发生酸败，酵母发酵力强，发酵较彻底，可提高出酒率。

② 酵母菌不断获得新营养，并起到多次扩大培养作用，因此相比普通酒母能生成更多的新酵母细胞，且酵母不易早衰，发酵能力始终很旺盛。多次投料，使得发酵醪中的酸和酵母细胞数不会一下子稀释很大，酵母对杂菌占有压倒性的优势，发酵可安全进行。

4. 酿造操作

粳米的喂饭操作法可以归纳成“小搭大喂，双淋双蒸”8个字。对蒸饭的要求要达到“饭粒疏松不糊，成熟均匀一致，内无白心生粒”。

（1）浸米　米浸入时，水面应高出米面10～15cm。浸米时间随气温不同而变化，在室温20℃左右时，要求浸渍20～24h；在室温5～15℃时，要求浸渍24～26h；在室温5℃以下时，要求浸渍48～60h。米要吸足水分，如未浸透，则蒸饭时容易出现外熟内生。浸渍后的浆水不可有馊臭和黏糊感。浸渍后应用清水淋冲浸米，洗去黏附在米粒上的黏性浆液，使蒸汽能均匀地通过饭层。如果要采用不经清水淋洗的带浆蒸饭，则一定要将浸米严格沥干，这是有无生粒的关键。

（2）蒸饭　“双淋双蒸”是粳米蒸饭质量的关键。用传统的饭甑蒸饭时，先捞起浸米，盛入竹箩，用清水冲洗至无白水沥出为止。头甑饭待蒸汽全面透出饭面圆汽后，加盖2～3min，在饭面淋洒温水9～10kg。然后套上第二只甑桶，待上面甑桶全面透汽，加盖3～4min，将下面一甑抬出倒入打饭缸内。每50kg粳米在打饭缸内吃水18～19kg，水温36～45℃。根据气温情况，用水温来加以控制和调节。吃水后将缸中的熟饭翻拌均匀，使饭粒在相近的温度下均匀吸水。加上缸盖焖饭，隔5min再上下翻拌一次；继续焖饭，隔10min后再上下翻拌一次。头甑饭的要求是“用手捻开无白心，外观成玉色，饭粒完整，不破不烂”。如果吃水量过大，水温过高，则饭粒破裂，第二次蒸饭后会出现过于糊烂的现象，影响发酵。第二次蒸饭称为二甑饭，从打饭缸中取出头甑饭分装成两甑再蒸，两只甑桶上下重叠套蒸，以求略微增加压力和节约蒸汽。等到上面一甑的饭面圆汽后，加盖半分钟，拉出下面的桶饭淋水，将上面的这一甑换到下面，如此重复换蒸，就称为“双淋双蒸”操作法。近年来，在喂饭法的蒸饭中，立式蒸饭机应用较为广泛，但也应注意蒸饭中淋水的时间及数量。用糯米为原料时就不需用双淋双蒸。

（3）淋水、拌药、搭窝　搭窝的板子实际上就是淋饭酒母，操作管理与前面的淋饭酒母相仿，米饭搭窝后，保温培养，经 24～26h 来酿液，成熟时酿液满窝。酿液应呈白玉色，有正常的酒香，绝对不能带有酸臭的异常气味，镜检酵母细胞数为 1 亿个/mL 左右。要做好淋饭酒母（俗称酿板或板子），应抓好下面四关：

① 米饭熟而不烂。

② 淋饭品温符合要求。

③ 拌药均匀，搓散饭块。

④ 充分做好拌药后的保温工作。

（4）翻缸放水　一般在拌药后 5～52h，酿液约占窝的 2/3，糖度在 20%以上，即可放水。加水量按总控制量的 330%计算。经淋水以后称重的出饭率每甑为 220%～230%，立式蒸饭机为 200%～210%，用曲率为 8%，加水率为 90%～105%，每大缸总米量为 125kg，每缸放水量在 117.5～125kg，应按每天抽取有代表性的样缸进行淋饭称重的实际质量来计算应加的水量。

（5）第一次喂饭　翻缸次日，第一次加曲，其数量为总用曲量的 1/2，即 4%，喂入原料米 25kg 的米饭。喂饭后一般品温为 25～28℃，略微拌匀，用手能捏碎大的饭块即可。

（6）开耙　第一次喂饭后 11～13h，开第一次耙。此时，缸底的酿水温度为 24～26℃或低于 21℃，缸面品温为 29～30℃，甚至高达 32～34℃。通过开耙，调节酒醪上、下品温，排除 CO_2 及补充酵母所需的新鲜空气。

（7）第二次喂饭　第一次喂饭后的次日，第二次加曲，其用量为余下的 1/2，再喂入原料米 50kg 的米饭。喂饭前后的品温，一般在 28～30℃，随气温的变动和酒醪温度的高低，适当提高喂入米饭的温度。操作时应尽量少搅拌，防止搅成糊状。

（8）灌坛、后发酵　在第二次喂饭以后的 5～10h，酒醪从发酵缸移入酒坛，堆放在露天，养醪 60～90d，进行缓慢的后发酵，然后压榨、煎酒、灌坛。

(9) 出酒率、质量、出糟率　出酒率为250%～260%，酒精含量为15%～16%，总酸为5.3～5.8g/L，糖分小于5g/L，出糟率为18%～20%。

日本清酒酿造都采用喂饭法，我国江苏、浙江两省采用喂饭法生产黄酒也较多。具体操作方法因原料品种及喂饭次数和数量的不同而异，例如用糯米为原料时无需双淋双蒸。采用喂饭法操作，还应注意下列几点：

① 喂饭次数以2～3次为宜。

② 各次喂饭之间的相隔时间为24h。

③ 各次喂饭所占比例应前小后大，喂饭量应逐渐递增，这样能起到酵母扩大培养的作用。后期喂饭量多，能使成品酒的口味变得甜厚。

④ 第一次喂饭量不要过大，防止酒母中的酸和酵母细胞数一下子稀释很大。若在发酵前期，杂菌抑制不好，往往会引起酸败。

⑤ 发酵温度开始较低，然后逐步升温，最后一次喂饭完成后，使温度达到规定。

⑥ 虽然总的加水量和用曲量不能改变，但各次喂饭时的加水量和用曲量可以按具体情况灵活掌握，不过增减的数量要适当，不要变化太大。

二、半干型黄酒

半干型黄酒的总糖含量为15.1～40.0g/L，这类黄酒的许多品种由于酿造精良、酒质优美、风味独特，素为国内外消费者喜爱。特别是绍兴加饭酒，酒色黄亮有光泽，香气浓郁芬芳，口味鲜美醇厚，甜度适口，在国内外享有盛誉。下面以绍兴加饭酒为代表，对半干型黄酒的酿造加以介绍，加饭酒实质上是以元红酒生产工艺为基础，在配料中增加了饭量，进一步提高工艺操作要求酿制而成的。

1. 配料

加饭酒每缸用糯米144kg、麦曲25kg、水68.6kg、浆水50kg、淋饭酒母8～10kg、50%（体积比）糟烧5kg。

2. 酿造操作

操作基本上与元红酒相同，见工艺图8-2，以下仅作简单说明。

(1) 落缸　根据气温将落缸品温控制在25～28℃，并及时做好酒缸的保温工作，防止升温过快或降温过快。加饭酒由于配料水少，醪液浓厚，主发酵期间品温上升较快，因此落缸品温控制在25～28℃，比元红酒低

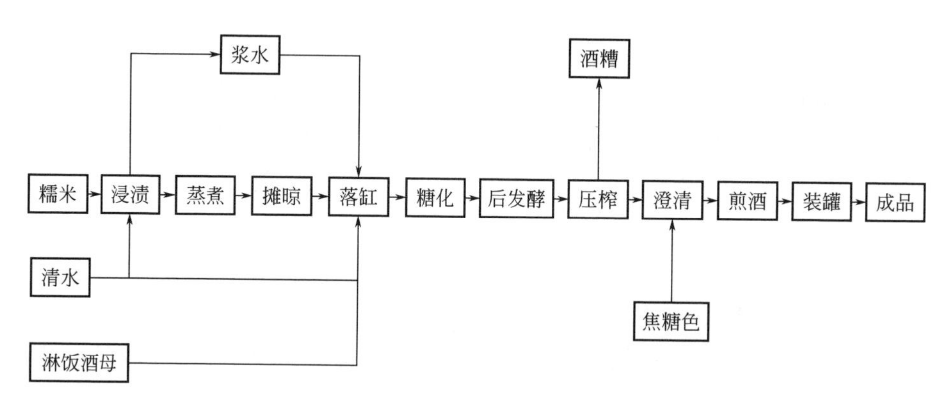

图 8-2 绍兴加饭酒的酿造工艺流程

1～2℃。

（2）糖化、发酵及开耙　物料落缸后，曲中的糖化酶便进行糖化。由于糖化作用，酵母便有足够的营养开始繁殖，此时温度上升缓慢，应注意保温。一般缸口盖以草编缸盖，缸壁围以草包，然后再覆上尼龙薄膜进行保温。注意关好门窗，以免冷空气侵入，影响缸内物料的升温。由于绍兴加饭酒的物料浓度较高，水分较少，一般经 6～8h 要对每缸料用木楫（木划脚）进行撬松、翻动，一方面可调节温度，均匀物料，更重要的是可给物料以一定的新鲜空气，以加快升温，经 12～16h，品温上升至 35℃左右时，物料进入主发酵阶段，便可开头耙，一般头耙温度为 35～37℃，因缸中心与缸边、缸底酒醪的温度相差较大，开耙后缸中品温会下降 5～10℃，这时仍需保温。

头耙后大约间隔 4h 左右开二耙，耙品温一般不超过 33.5℃，并根据品温渐渐去掉保温物。以后根据缸面酒醪的厚薄、品温情况及时开三耙、四耙。通常情况下四耙以后品温逐渐下降，主发酵基本完成，为提高酵母活力，每天用木耙搅拌 3～4 次，5～7d 后灌入 25kg 的陶坛进行后发酵。后发酵灌坛前要加入陈年糟烧，以增加香味，提高酒精度，保证后酵 80～90d 的正常发酵。为保证后酵养酵发酵的均匀一致，堆往室外的半成品坛应注意适当向阳和背阴堆放处理。

（3）注意事项　在糖化、发酵及开耙这一重要的酿造过程中，应注意以下几点。

① 严格控制品温变化，及时用开耙捣拌和去掉保温物的方法对品温进行调节。

② 注意酒精度的变化，根据开耙时的感觉，前四耙有明显的酒精变化，四耙结束时酒精度达到10%以上，前酵结束灌坛时酒精度须在13%以上，后发酵结束时酒精度应超过19%。

③ 密切注意酸度变化，酸度是衡量酒质优劣、发酵正常与否的重要指标。头耙时总酸应控制在3.0～4.5g/L，前酵结束灌坛前总酸为6.0g/L左右，后酵结束时应注意总酸必须在7.5g/L以内，否则会影响酒的风味。

④ 酒醪中的糖分变化是进行控制发酵、调节品温的一个依据，头耙时含糖量在80～100g/L，主发酵四耙后降至40g/L左右，前酵结束时应保持在30g/L左右，以后糖分消耗与增长大致平衡，至后酵结束时一般在10～30g/L之间。

⑤ 注意酒醪中酵母数的增减情况，一般以主发酵四耙结束时的酵母数为依据，此时酵母细胞数应为5亿～10亿个，太少则证明主发酵不正常。以后基本保持在这一范围，直至后酵结束。由于绍兴黄酒酒药中的酵母活力较强，虽是后酵长时间静止养醇，酵母死亡率仍低于10%。

三、半甜型黄酒

半甜黄酒的含糖量在3%～10%之间，这是以酒代水酿造的结果。与酱油代水制造母子酱油相似，绍兴善酿酒是用元红酒代水酿制的酒中之酒。以酒代水使得发酵开始已有较高的酒精含量，这在一定程度上抑制了酵母菌的生长繁殖，使发酵不能彻底，从而残留了较高的糖分和其他成分，再加上原酒的香味，构成了绍兴善酿酒特有的酒精含量适中、味甘甜而芳香的特点。因为需要贮藏2～3年的陈元红酒代替水，成本较高，出酒率低且资金周转慢，所以产量少，而成为绍兴酒中的珍品。有一种用淋饭法酿制的鲜酿酒，其酒香味形成较快，配料基本上和善酿酒相似，而陈酿期短，口味比善酿酒更甜，由于酒的陈香味淡、鲜酿味较重，品质不及善酿酒来得柔和醇厚。下面以善酿酒为例介绍半甜黄酒。

(1) 工艺流程与配料　善酿酒采用摊饭法酿制，其工艺流程与元红酒基本相同，不同之处是下缸时以陈元红酒代水。由于落缸时酒精含量已在6%以上，酵母菌的生长繁殖受到阻碍，为此增加了块曲和酒母的用量，同时使用一定量的浆水，以加快糖化、发酵的速度。

(2) 操作要点　要求落缸温度比元红酒提高2～3℃，并加强保温工作，一般安排在不太冷的时期酿制。落缸后20h左右，品温升到30～32℃，便可开耙，耙后品温下降4～6℃，继续做好保温工作。再经10～

14h，品温又升到 30～31℃，开二耙，再经 4～6h，开三耙，根据感官检查，做好降温工作。此后要注意捣冷耙降温，以免发酵太老，糖分降低太多。一般下缸后 2～4d 便可灌坛堆放，使品温进一步降低，进行缓慢的后发酵。在整个发酵过程中，糖分始终在 7%以上，经过 70d 左右的发酵，即可榨酒。

四、甜、浓甜黄酒

甜黄酒一般都采用淋饭法酿制，即在淋冷的饭料中拌入糖化发酵剂，经一定程度的糖化发酵后，加入酒精含量为 40%～50%的白酒或食用酒精，以抑制酵母菌的发酵作用，保持较高的糖分残量。因为酒精含量较高，不致被杂菌污染，所以生产季节不受限制，一般多安排在炎热的夏季生产。各地生产的甜黄酒，由于配方和操作方法的差异，而有各自的风格。按国家的分类标准，糖含量在 10%～20%的黄酒称甜黄酒，糖含量在 20%以上的称浓甜黄酒。下面介绍绍兴香雪酒的生产方法，如图 8-3 所示。

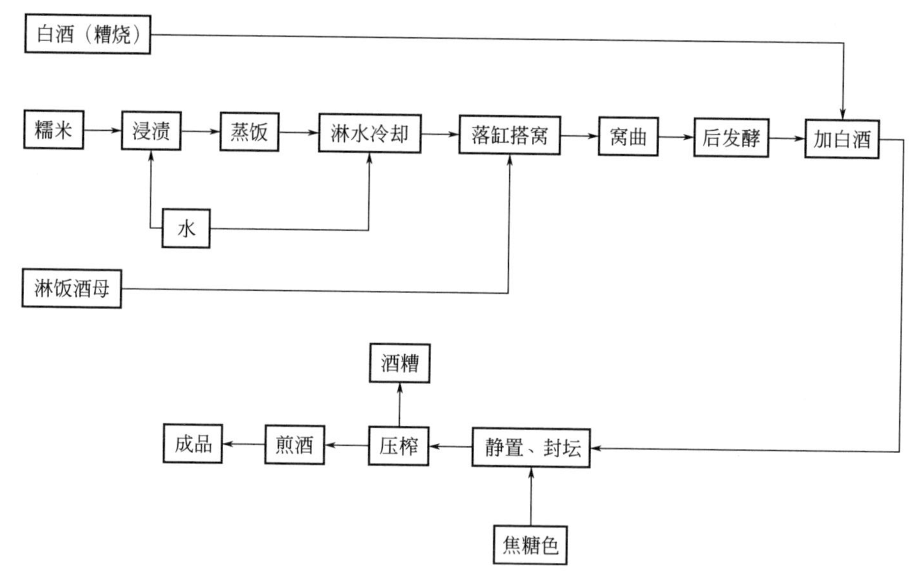

图 8-3　绍兴香雪酒的发酵工艺流程

（1）配料　每缸用糯米 150kg，酒糟蒸馏酒（酒精含量 40%～50%）150kg，麦曲 5kg，酒药 0.186kg。

（2）窝曲　香雪酒采用淋饭法制成酒酿，冲缸以前的操作与淋饭酒母相同，酿制香雪酒的关键是糖化适度，投酒及时。一般是当圆窝甜液满至九成时，投入麦曲，并充分拌匀，继续保温糖化（俗称窝曲）。窝曲的作用，一方面补充酶量，促进淀粉的液化、糖化；另一方面提供麦曲特有的色、香、味。窝曲过程中，酵母菌大量繁殖并进行酒精发酵。经12～14h，当酒醪固体部分向上浮起，形成醪盖，其下面积聚醪液15cm左右高度时，便投入白酒（糟烧），充分搅拌均匀，然后加盖静置。白酒加入要及时，太早，虽然糖分高些，但麦曲中酶对淀粉等的分解作用不充分，酒醪黏厚，压榨困难，出酒率低，而且酒的生麦味重，影响风味；如果白酒加入太迟，则因酵母酒精发酵消耗过多的糖分，使酒的含糖量降低，鲜味也差，同样不利于酒的质量。

（3）封坛　加白酒后，经一天静置，即可灌坛，坛口包扎好荷叶箬壳，3～4坛为一列，堆于室内，在上层坛口封上少量湿泥，也可直接用柿漆、桃花纸封坛口，以减少酒精挥发。如果直接入缸培养，则在加白酒后，相隔2～3h捣耙一次，经2～3次搅拌，便可用洁净的空缸覆盖起来，缸口的衔接处，用荷叶作衬垫，并用盐卤，泥土封口。泥土中加盐卤可令泥土不会因干燥而脱落。在堆放过程中，酸度及糖分逐渐升高，并进行后熟作用。

（4）压榨　经4～5个月，当酒醪已无白酒气味，各项理化指标均达到规定时，便可进行压榨、煎酒，香雪酒醪黏性大，榨酒时间长，酒糟量多。榨得的酒液为透明淡黄色，一般可不再加糖色。由于酒精含量和糖分均高，已无杀菌必要，煎酒的目的仅是让胶体物质凝结，使酒液清澈。成品香雪酒酒精含量为18%左右，糖含量18%～20%，呈琥珀色，芬芳幽香，醇和鲜甜。

第二节　米曲类黄酒

一、福州糯米红曲黄酒

红曲黄酒产于福建省和浙江省南部地区。福州黄酒使用糯米、红曲、白曲等物料酿制，由于配料的不同，有辣醅（干型）、甜醅（甜型）和半辣醅（介于干型和甜型之间）三种黄酒类别。其中以福建老酒最为闻名，它属于半甜红曲黄酒，酒呈红褐色，艳丽喜人，酒香浓馥，味醇厚优美，柔和爽口，历史久远，多次获全国优质奖。

1. 原料及曲选择

（1）糯米　因当地产糯米品质较差，一般都喜用古田县谷口出产的糯米。要求选用肥美整齐、圆实洁白、质地柔软、淀粉含量75%以上的精白米，杂质要少，不含青、红、黑色及霉烂米。

（2）红曲　红曲质量要求表面为紫红色，断面为红色，无灰白点，大多数为断粒，但不太碎，气味芳香；将红曲置于水中，大部分能浮于水面，浸渍5～6h，下沉率只有20%左右。

（3）白曲　白曲也称药白曲，均使用厦门白曲。要求曲粒洁白、菌丝茂盛，内心纯白无杂色，用手捏之轻松有弹性，口尝微甜稍带苦，并且白曲气味芳香，无异臭、酸败气味，以秋制产品为佳。

2. 工艺流程

红曲黄酒的生产发酵工艺见图8-4。

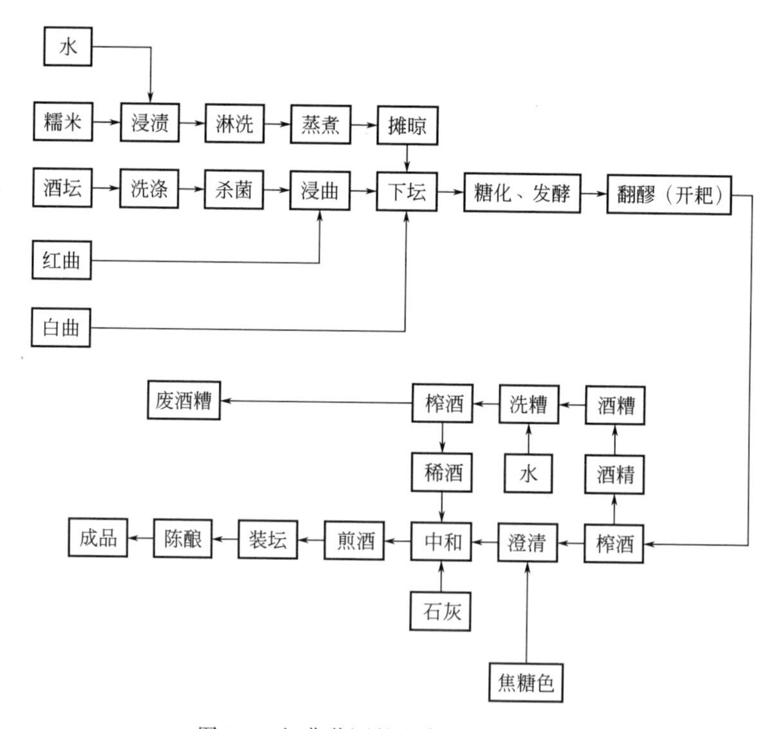

图8-4　红曲黄酒的生产发酵工艺流程

3. 操作方法

（1）配料　以缸和坛为发酵单位，辣醅、甜醅和半辣醅三种黄酒的配料见表 8-1。

表 8-1　红曲黄酒生产配料表　　单位：kg

品种	辣醅		甜醅		半辣醅	
	每坛	每缸	每坛	每缸	每坛	每缸
糯米	21.25	170	21.25	170	21.25	170
红曲	0.813	7.5	0.813	7.5	0.813	7.5
白曲	0.63	4	0.63	4	0.63	4
水	25	190	20	150	22	170

若配料中用水量多，则发酵比较透彻，酒精含量高，残糖也低；反之则酒精含量低，糖分高。气温高，酵母菌发酵旺盛，应适当增加用水量，一般每坛可多加 1～2kg 水。加水量应根据糯米淀粉含量和气温情况而定。

（2）浸渍　浸渍先在缸内或池内加入清水，再将糯米倒入水中，用手摊平，使水高出 6cm 左右。浸溃的程度，以米粒透心，指捏能碎即可。一般冬春浸 8～12h，秋季浸 6～8h，夏季浸 5～6h 为宜。

（3）淋洗　淋洗，将浸好的大米捞入篓内，用清水从米面冲下，先浇中间，再冲边缘，使米粒淋洗均匀，至流出的水不混浊，然后沥干。

（4）蒸煮　蒸煮，将沥干的大米装入甑内，摊平，使大米均匀疏松，蒸煮以熟透不烂为宜，目前已多用蒸饭机进行蒸煮。

（5）摊晾　摊晾，将蒸饭倒在饭床上，用木锨摊开，并随时翻动，或用风扇加速冷却，摊晾温度要根据下坛拌曲需要的品温决定。

（6）下坛　拌曲，下坛前将坛洗刷干净，然后用蒸汽灭菌，待冷却后盛入清水，再投入红曲，让其浸渍 7～8h 备用。将米饭用木制漏斗灌入浸好曲的酒坛中，随后加入白曲粉，用手伸入坛底翻拌均匀，再将加饭前捞出的一碗红曲铺在上面，用纸包扎坛口，以防上层饭粒硬化和杂菌侵入，一般下坛拌曲后的品温应掌握在 24～26℃。

（7）糖化、发酵　发酵，控制糖化发酵过程的关键是温度，温度过高，容易引起杂菌感染，造成酸败；温度过低，则糖化发酵迟缓，酒质差。发酵开始升温的时间一般应控制在下坛后 24h 左右，72h 达到发酵旺盛期，品温也达最高，但不得超过35～36℃，以后品温开始逐渐下降，发酵7～8d，品温已接近室温，这一阶段可归为前（主）发酵期。

（8）翻醪（开耙） 进行搅拌要看醪液的外观情况。如果醪面糟皮薄，用手摸发软，或醪中发出刺鼻酒香，或口尝略带辣、甜，或醪面中间下陷、呈现裂缝，就应进行搅拌。此外，搅拌也与品种有关，如辣醅入坛后14d，甜醅入坛后24～28d，开始第1次搅拌。随后连续3天，每天一次搅拌，以后每隔7～10d再翻拌一次，连续2～3次。搅拌时木耙要深入坛底，每次只搅拌五下，即中间一下，四周各一下，防止捣糊糟粕，不利于压榨。经90～120d，酒醪成熟。

（9）榨酒 将成熟醪倒入大酒桶中，插入抽酒竹篓，2～3h后酒液流入篓中，用挽桶或橡皮管将酒液取出，4～5h后已取出酒液6～8成，则将余下的酒糟于绢袋上进行压榨。压榨3～5h，至流出酒液不呈细流时结束压榨。

（10）洗糟 经一次压榨后的糟粕尚有残酒，用水搅拌后，再灌入绢袋内进行第二次压榨。每170kg原料的糟粕，加水65～70kg。榨出的酒液倒入一榨的酒中。

（11）中和 将原酒液与榨得的酒液一并倒入大酒桶内，正常酒液的酸度在0.5%～0.7%之间。每桶酒液以360～375kg计，约用石灰0.75kg，中和后的酸度在0.3%～0.4%之间，经16～20h澄清后，便可杀菌灌坛。

4. 出厂产品质量标准（以福建老酒为例）

酒精含量（mL/100mL）：15以上；糖分（以葡萄糖计，g/100mL）：5.5以上；总酸含量（以琥珀酸计，g/100mL）：0.3～0.5；色：黄褐、清亮、透明；香：有浓郁老酒芳香；味：醇厚浓郁，余味绵长，甜而无异味。

二、福建粳米红曲黄酒

福建省的黄酒历来是用糯米酿造的，1956年后，开始普及推广使用粳米酿造黄酒方法。粳米的性质较糯米硬而脆，糠秕厚，不易糊化完全；粳米中的脂肪、蛋白质、粗纤维、灰分等含量也较高，这些都会影响酒的品质。所以对粳米的选择条件为：

① 无异味，颗粒均匀，无夹杂物，糠秕、碎米、泥沙应筛除；

② 质软，蒸熟后有弹性，用晚粳米比早粳米好；

③ 精白度要求比糯米高。

1. 工艺流程

因地区的气温差异，酿造操作方法大致可归纳为以下两种。

（1）白曲黄酒　厦门地区的操作法，该法先加白曲粉，以淋饭操作法酿制，待甜液满窝后加入红曲及水，继续进行发酵。本法发酵时间短，成酒快，适宜于冬季气候较暖的地区生产。其工艺流程见图 8-5。

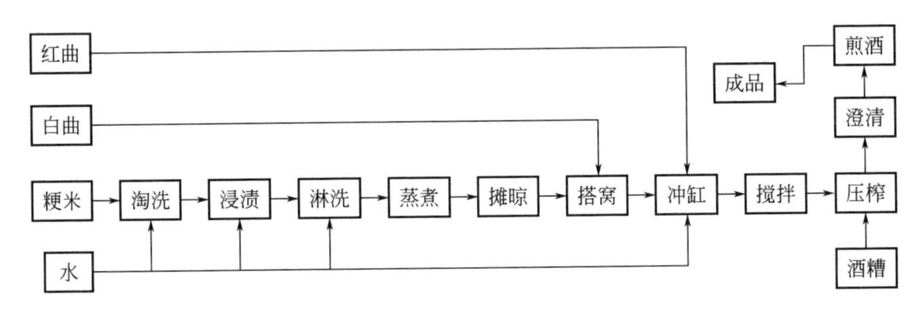

图 8-5　厦门地区粳米白曲酒工艺流程

（2）红曲黄酒　建瓯地区的操作法，该法用红曲作糖化发酵剂，发酵比较缓慢，制成的黄酒风味有所不同，适宜于冬季气候较寒冷的地区生产。其工艺流程见图 8-6。

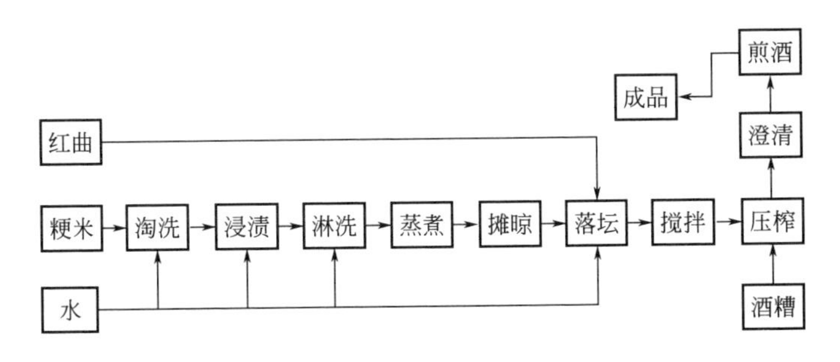

图 8-6　建瓯地区黄酒发酵工艺流程

2. 操作方法

（1）配料　配料分单一种曲（红曲或白曲）和红曲、白曲合用两种。纯用白曲，产品味较差，色淡黄，只有少数厂生产；纯用红曲，虽糖化发酵较缓慢，但成品酒风味较佳，色泽鲜艳；用混合曲糖化发酵快。配料如表 8-2 所示。

表 8-2　不同用曲方式的粳米黄酒配料表

单位：kg

配料表	纯红曲	红白曲混合
粳米	50	50
红曲	6～7.5	1.5～2.5
白曲	—	0.5～1.0
水	50～65	30～40

(2) 淘洗及浸渍　粳米较硬，浸渍时间较糯米要长。粳米糠秕较厚，如果不先将其洗涤浸渍，容易产生异味。淘洗时要轻、快，因为米粒吸水变脆易碎。浸米时间根据水温、大米的精白度适当掌握，一般控制在 12h 左右。浸渍后将大米用水冲洗、淋干。

3. 蒸煮

采用双蒸双淋法，要求饭粒松软、柔韧、不糊、不黏，均匀熟透。

4. 糖化发酵

(1) 红、白曲混合操作法　将蒸饭摊晾至 35℃，拌入白曲（也有同时拌入红曲的），翻拌均匀至 32℃落缸。每缸装料（以原料米计）50kg，中央挖一空洞，洞的大小视室温而定，通常在 15～20℃时，洞深约距缸底 10cm。落缸后，温度会继续下降至 27℃左右，经 4～5h，品温开始回升，再经 14～20h，品温回升至 33～34℃，饭粒已发软。又经 5h，品温升至 35～36℃（不可超过 37℃），饭粒更软，尝之有甜味，此后约 5h，甜液约有 15cm 高。

品温开始回降时，加第 1 次水，水量为原料米的 35%。拌曲时若未加红曲，应预先将红曲加 7 倍的 15℃温水浸 3～4h，在第 1 次加水时一并加入。加水后，品温即降至 29℃左右。经过 6～8h，品温又回升至 31℃，这时发酵旺盛，再第 2 次加水，水量为原料米的 45%。次日，品温为 31℃左右，将两缸合并成一缸，移至阴凉处。并缸后 10h，品温下降至 27℃左右，从落缸计第 4 天，品温已下降至 24℃，即进行第 1 次搅拌，第 7 天进行第 2 次搅拌，第 10 天进行第 3 次搅拌，此时醪盖厚度变薄、酒液已清，品温已降至 17℃左右。若室温 20℃以上，落缸后 15d 即应榨酒。如室温 20℃以下，可继续延长后发酵期，使酒质更加醇和，但必须经常检查醪液的酒精含量、酸度的变化情况。

(2) 纯用红曲操作法　先将红曲在所加清水中浸渍 5～6h，再将摊晾至 50～55℃的米饭倒入坛内，每坛装料量为 17.5～20kg。室温在 7～15℃时，落坛品温控制在 28～30℃，并注意保温。落坛后 36～70h，可在坛外听到嘶嘶响声。经 5d 后，检查醪液饭粒上浮成盖，即进行第一次搅拌。以后每天一次，连续 3d，到落坛后第 8 天，每隔一天搅拌一次，直至饭盖消失、酒液澄清、醪中无气泡产生，便可停止搅拌。搅拌和后发酵的管理，对减少出糟率和保证酒质有很大关系。一般在 5～7d 时进行首次搅拌，天热可以提前，反之则推迟。搅拌次数不宜过多，否则发酵醪过烂发糊，使榨酒困难，酒液不易澄清。后发酵期一般为 60～80d，最短也不能少于 30d，后发酵期长，有利于减少出糟率，提高出酒率和酒的醇厚味。

(3) 出酒率及出糟率　用粳米酿酒，只要蒸饭熟透，发酵管理严格，成熟醪压榨操作认真，其出酒率、出糟率基本上就能比得上糯米酿酒。糯米黄酒出酒率为 207%～220%，出糟率 33%～37%；粳米黄酒出酒率 195%～210%，出糟率 33%～42%（均为与原料米之比）。

(4) 甜醅酒　用粳米酿造甜醅酒，往往不容易达到应有的糖分。一般的加工方法是将在米粉培养基中生长 3d 的根霉曲，或用无酵母的白曲（为原料的 7%）拌入冷至 35℃的米饭中，装入瓦缸内，经过 40h 糖化后，将其加热至 80℃杀酶，迅速冷却，根据成品酒要求的含糖量，加入发酵成熟醪中一起压榨。在一般情况下，如果含糖量要求增加 2%，则每 1kg 醪液中约掺入上述糖化醪 3kg。

三、黄衣红曲糯米黄酒

1. 干黄酒与半干黄酒

福建省干、半干糯米黄酒，原工艺采用 4%红曲和 1.5%～2%酒药为糖化发酵剂酿造，发酵较缓慢，醪中糟粕厚且易发生酸败，而且不便于实现机械化大规模生产。在应用黄衣红曲生产籼米黄酒取得成功后，又将黄衣红曲与红曲混合，用曲量为 2%黄衣红曲和 4%红曲，并添加 1%酒药。酿造的糯米黄酒，发酵彻底、糟粕少、出酒率高，克服了单用红曲，前期糖分积聚过多而容易引起醪液酸败的缺点，同时成品酒风味也可与原工艺生产的糯米黄酒相媲美。

2. 半甜红曲酒

原工艺以红曲、酒药作为糖化发酵剂，配方中糯米与水的比例约为 1∶1，发酵浓度较高，从而有利于酒醪中残留较多的糖分，但随着气候转暖，酒醪糖分又被酵母转化或受乳酸菌作用产酸，因此往往酒醪糖分达不到成品酒含糖量 3.0%～4.0%的要求，而且后发酵酒醪酸度大、糟粕厚。

为了克服这些缺点，采用红曲酒生产中辣醅、甜醅分别发酵，成熟酒压榨时按比例勾兑的方法。辣醅用水量从100%增加到130%，并添加适量黄衣红曲，发酵结果酒糟稀薄、酸度下降，用这种辣醅与适量甜醅勾兑成的半甜红曲酒的出酒率，可以比原工艺提高5%，成品酒质量稳定。

3. 甜红曲酒

原工艺采用小曲淋饭法生产甜酒醅，糖分只有16%左右，酒精含量12%，每100kg糯米出酒率只达130%左右，且随着发酵时间的延长，糖分又逐步转化为酒精，因而原甜醅工艺适应不了生产要求。现采用黄衣红曲配合酒药、红曲，以喂饭法生产甜酒，糖分可达25.3%，酒精含量13%，出酒率高达95%。

第三节 小曲类黄酒（药酒）

一、九江封缸酒

江西的甜黄酒数量最大，风味佳美，工艺独特，颇有声誉，其中负有盛名的九江封缸酒产于闻名世界的庐山脚下，濒临长江及与鄱阳湖相接的九江市，是全国优质酒之一。该酒呈琥珀色，晶莹透亮，香气浓郁，鲜甜醇厚，柔和爽口，因其生产过程中需要密封酒缸长达4～5年之久，故名陈年封缸酒。

二、生产技术

1. 工艺流程

封缸酒酿造工艺流程见图8-7。

2. 操作要点

(1) 配料　糯米50kg，白酒（酒精含量50%）45kg，小曲0.375kg。

(2) 下缸拌曲　搭窝前操作无特殊之处。搭窝时，按0.75%的比例拌入酒药粉。

(3) 加酒、封缸　加白酒搭窝后24h左右，酿液有10cm高时，开始分批间断加入酒精含量50%左右的米白酒，第1次加米白酒总量的6%，第2次12%，第3次18%，第4次24%，待糖化发酵终了时，再将余下的

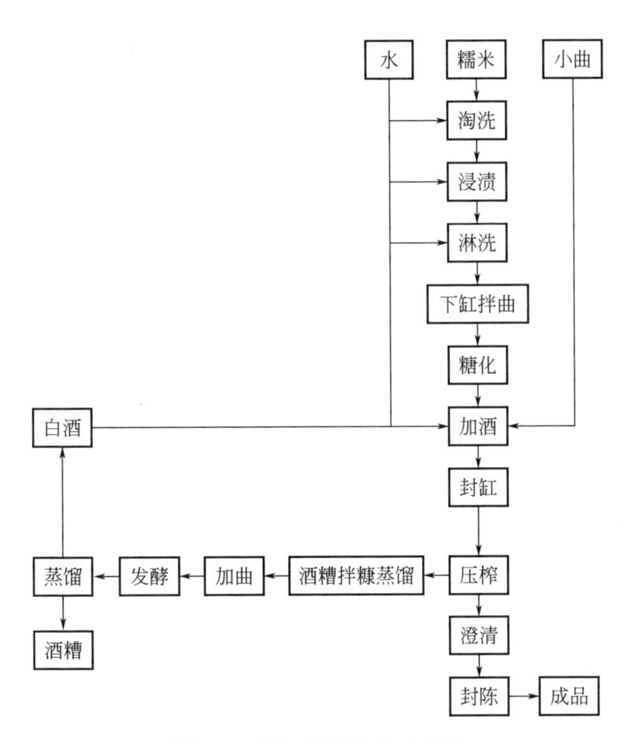

图 8-7　封缸酒酿造工艺流程

（占总量 40%）白酒加入，然后把缸盖盖好，在第 3 天翻缸一次，第 4 天散醅（以酒糟能沉缸底为度）。第 7 天换缸，用牛皮纸封缸口，使其密封贮存 3～6 个月进行老熟。封缸前的糖化发酵期间（搭窝后 7d 左右）要注意品温，冬春两季要保温。

（4）封陈　密封陈酿经 3～6 个月贮存老熟后，启封、压榨，每 50kg 糯米产 90kg 左右的酒。将榨出的酒液移至地下室内 7m 深的瓦缸中密封陈酿，经 4～5 年后取出，包装后即为陈年封缸酒。

3. 小曲类甜黄酒生产技术特点

小曲类甜黄酒的工艺特色是糖化为主，发酵为次。发酵产生的风味物质相对较少，对酒风味起主要作用的因素是小曲和白酒，这一点与麦曲酒有明显的差异，麦曲酒风味物质构成因素主要是麦曲、酵母及其发酵作用。

因此，小曲类甜黄酒的生产特点表现为：

① 必须选用优质糯米，不可用糙糯米，更不能用粳米或籼米，否则，酿成的酒甜度低、风味差。

② 必须选用优良小曲作糖化剂，小曲标准是：试验酿造快，糖度高、香味好，酒液清、酸味低。部分酒厂采用纯根霉作糖化剂，效果也很好。

③ 必须选用质量好的白酒，质量低劣的带异味的白酒绝不可用。

④ 加白酒要适时、适量，一般经过 3～4d 的糖化作用，当糖分可达 30%以上，酒精含量在 3%～4%时，即可加酒。如过早加酒，则酒醅呈乳白色，糊精多，难压榨，糟粕多，影响出酒率；加酒过迟，则糖分下降，达不到规定要求。

⑤ 要有较长的酿造和贮存期，目的是除去白酒异味和促进酒的老熟，使黄酒香浓味醇、酒味协调。

第四节 清酒酿造

清酒俗称日本酒，是古代日本民族传统酒，受中国曲酿酒影响所酿制的。清酒的酒精含量一般为 15%～17%，并含有大量的糖、含氮物质等浸出物，是一种营养丰富的低酒精含量的饮料。酒液色淡，香气独特，口味有甜、辣、浓醇、淡丽之区别。20 世纪 70 年代又试制成功纯米清酒、红酒、发泡清酒、高酸味清酒、低酒精度清酒、高酒精度清酒、贵酿酒、长期贮存清酒等许多新产品。清酒与我国黄酒有许多共同点，因此我国把国内生产的清酒列为黄酒的品种之一。清酒与黄酒在酿造技术上也有许多不同之处，可供我国黄酒科技人员在开发新技术、新品种时加以借鉴。

一、日本清酒生产技术概况

日本清酒的原料及生产工艺与我国黄酒相比，有如下特色。

（1）原料　日本清酒的原料用米只有粳米一类，精米率一般规定：酒母用米为 70%，发酵用米为 75%。其对原料米的纯度要求很高，即要求充分除去米糠等杂质，使蛋白质、脂肪、灰分等有害酿酒的杂味成分尽量减少。

另一方面，为了满足曲菌和酵母菌的营养需要，在种曲用的米饭中添加木灰，在酒母培养液中添加无机盐，以弥补高精白粳米营养成分缺失的不足。

（2）酒母　米曲，清酒全部用粳米制曲，菌种为米曲霉类，酿造用曲量较高，达20%左右。酒母，日本清酒酿造最早只用米曲，在1897年发现清酒酵母以后才改用酒母，现在日本70%以上的清酒厂都用速酿酒母，酒母用米量为原料米量的7%左右。

（3）投料　发酵方法采用酒母一次性投入，水、米饭及米曲分批投入的3次投料加第4次补料的多次投料方式。3次投料量分别为总量的1/6、2/6、3/6左右，逐次递增。这种投料方式有利于保持发酵过程中酵母数量活力上的持续优势，以及糖化发酵的低温控制。

（4）过滤　后处理发酵成熟醪压滤、澄清后，还需加助滤剂进行过滤，如用活性炭吸附纤维素、淀粉、不溶性蛋白质、酵母等微粒。灭菌、贮存后，再次过滤、调配，再过滤采用超滤技术或仍加活性炭助滤。

由此可见，与黄酒中允许有微量聚集物相比，清酒的酿造特点可归纳为“清纯”，可以说这是构成清酒工艺操作的准则。

二、清酒种类

1. 按制法分类

（1）纯米酿造酒　以米、米曲、水为原料，不另加酒精。

（2）普通酿造酒　1t原料米制成的酒醪加折合为100%的酒精120L。

（3）增酿酒　添加以酒精、糖类、酸类、氨基酸盐类等配成的调味液。

（4）本酿造酒　酒精加量低于普通酿造酒。

（5）吟酿酒　纯米酿造酒或本酿造酒的原料米精米率为60%以下。

2. 按口味分类

（1）甜口酒　糖分较多，酸度较低。

（2）辣口酒　糖分少，酸度较高。

（3）浓醇酒　浸出物、糖分含量多，口味浓厚。

（4）淡丽酒　浸出物、糖分少，爽口。

（5）高酸清酒　以酸度高、酸味大为特征的清酒。

（6）原酒　原酒酿造制成后不加水的清酒。

（7）兑水酒　市贩酒指原酒兑水装瓶出售的清酒。

3. 按贮存期分类

（1）新酒　压滤后未过夏的清酒。

（2）老酒　贮存一个夏季的清酒。

（3）老陈酒　经过两个夏季或更长时期贮存的清酒。

4. 按酒税法规定的级别分类

将清酒分为特级清酒、一级清酒、二级清酒和合成清酒。

三、原料及其处理

1. 酿造用水

清酒及曲霉、酵母菌所需的无机成分，来自大米和水。酿制辣口酒用的硬水，钾、镁、氯等成分较多，这对有益微生物生长和醪液旺盛发酵有促进作用，故又称强水。软水（又称弱水）可酿制甜口酒，日本清酒呈淡黄色或无色，因此要求水中增色物质的含量低，特别注意对水中铁、锰等增色成分的去除。

2. 酿造用米

制曲、酒母及发酵用米都是经过精白的粳米，要求选择大粒、软质、心白率高、蛋白质和脂肪含量少、淀粉含量高、酿造性能好的大米，并尽量使用新米。对不太理想的大米，一般需作适当的处理。

3. 原料处理

（1）精米　清酒酿造的曲、醪和酒母等用米的精米率要求不同，三者的精米率顺次降低，但为作业方便，也有采用70%～75%的统一精米率的。食用米一般用横型精米机加工，酿造用米用竖型精米机加工。

（2）浸米　洗米设备为专用洗米机，通常兼有搅动、输送及分离米、水的功能。浸米用浸米槽，浸米时间从吟酿酒用米的几分钟到精白度低的米浸一昼夜不等，浸后的白米含水量以28%～32%为适度。通常洗1t米耗水5～10t，也有采用特殊碾米机先除糠、后浸米的不洗米的浸米法，该方法1t米仅用水1.5t左右。

（3）蒸饭　蒸饭、冷却及输送通常每天投料3t以下的用甑桶，3t以上的采用立式或卧式蒸饭机蒸饭。冷却方式有将米饭摊晾的自然放冷和鼓风冷却两种。夏季时可采用冷却投料用水或投料水加冰的方法来降低水温。米饭的输送有人力、传送带或用罗茨鼓风机、涡轮式鼓风机气流输送法。

四、糖化发酵剂

1. 米曲霉

清酒酿造用米曲霉菌株应具备下列条件：

① 在饭粒上能迅速、健壮繁殖；

② 淀粉酶活力强，蛋白酶活力弱；

③ 不产生去铁柯因碱，以免去铁柯因碱与铁化合生成色素；

④ 无酪氨酸酶活性，不使曲褐变和糟黑变；

⑤ 不产生使酒酸败的火落菌必需生长因子——甲羟戊酸；

⑥ 不产生霉菌毒素；

⑦ 在机械制曲中，要求孢子柄短的曲菌；

⑧ 产生优良的米曲香；

⑨ 制种曲时产孢子容易，孢子量多。

火落菌是引起清酒酸败和混浊的杆状细菌，属于乳酸菌，但不是单一菌种。火落菌对甲羟戊酸的要求性不同，大体分为真性火落菌和火落性乳酸菌。其中真性火落菌的耐热性和耐酒精能力都较强，是造成清酒贮存或销售中出现混浊、酸度增高和发生火落现象的主要微生物。甲羟戊酸是真性火落菌的必需生长因子，由曲菌生成，因与清酒的火落腐败有关而得名。其化学结构式为：

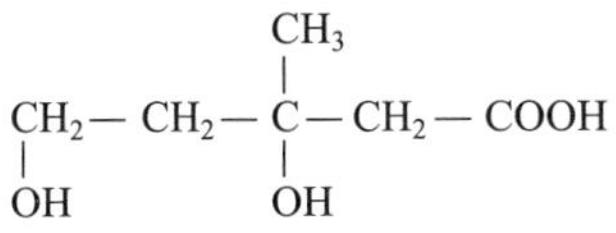

$$\begin{array}{ccccc} & & CH_3 & & \\ & & | & & \\ CH_2- & CH_2- & C- & CH_2- & COOH \\ | & & | & & \\ OH & & OH & & \end{array}$$

甲羟戊酸是动植物体内合成胆固醇和萜烯类的前体物质，在物质代谢上具有重要性。产生火落现象的清酒不能直接饮用，是清酒的最大病害。

2. 米曲

以白米为原料、用米曲霉培养的米曲是清酒酿造的糖化剂。通常米曲用米量为总原料米的20%左右。米曲的作用如下。

(1) 糖化　米曲为酒母和醪提供酶源，使饭粒中的淀粉、蛋白质和脂肪等溶出分解，但过量的糖化酶则是成品清酒白浊的物质基础。曲中若含有酪氨酸酶，会使酒糟变黑。

(2) 增香　曲香及曲的其他成分（如甘油）有助于形成清酒独特的风味，但当维生素类物质过多时，成品酒易污染火落菌。在曲菌繁殖和产酶的同时生成的葡萄糖、氨基酸、维生素等成分，是清酒酵母的营养源，并用以生成有机酸、高级醇及酯类等成分。

3. 米曲生产

在日本，制米曲有曲盒、曲箱、曲床、简易机械和自动制曲机等5种方法。通常种曲以前三种制法为主，由种曲专制厂供应全日本。种曲装在小罐中密封，内放干燥剂，在冷室中可以长期保存。一般大中型清酒厂用曲采用后两种制曲法。培养的米曲要求色纯白，用手捏时可成团块状，放手上无扎感，具有栗香，以每100kg白米出曲117～119kg为准，超过此值多为湿曲。

正常曲分为两种：

① 菌丝生长充分，曲粒表面及内部都长满菌丝。糖化力及蛋白质分解力强，适用于酒母，或用于出糟率低、出酒率高的发酵醪。

② 部分表面不长菌丝，但内部菌丝仍较稠密。酶活力强，曲菌的代谢产物稍少，手握感较硬，适用于发酵。

米曲的酶类主要有淀粉酶、蛋白酶、脂肪酶等，其中淀粉酶类有α-淀粉酶、糖化型淀粉酶和转移葡萄糖苷酶，蛋白酶有酸性内肽酶和酸性外肽酶两种。曲的老嫩与干湿程度对酒质及原料利用率有直接影响。老曲、湿曲制成的酒味浓厚、酸多，或有杂味，易着色及老熟；嫩而硬的曲，酵母菌不易繁殖，发酵力弱，酒质淡薄，产糟多。

4. 清酒酵母

使用最广泛的清酒酵母是日本酿造协会1946年颁布的协会7号酵母及其变异株无泡701和耐高酒精含量的协会11号酵母。

清酒酵母菌株的选用依据有如下几点。

① 各菌株特性如适宜温度、发酵能力、生酸量以及产香种类等。

② 工厂条件如发酵罐容量大小、制冷设施的有无、原料米的精白度等。

③ 成品酒类型及级别如以纯米酒的原酒出售，则要求杂味少、酸度低，可选用低温型、生酸少的菌株；若制造增酿酒应选用产酸、产酒均较多的浓醇型酵母。

5. 酒母要求及用量

清酒酿造是开放式发酵，因此对酒母的要求同黄酒酒母相似，即要求酒母含有多而纯、具有使醪正常发酵活性的酵母并含有一定量的乳酸。酒母用量一般为7%左右，用酒母原料米占总米之比表示，实际生产应按酒母强弱及使用方法（如分次添加）等酌情增减。

6. 酒母种类

清酒酿造用酒母按其所含乳酸来源的不同分为两大类：在投料时添加乳酸的酒母为速酿系酒母；由自身乳酸菌生成乳酸的酒母为生元系酒母，其中山废酒母是生元系酒母的改良型。日本70%以上的清酒厂都使用速酿系酒母，而山废酒母则作为传统工艺保留着。速酿酒母的原料比为米：曲：水＝70：30：110（kg），此外每100L水加90%～92%的酿造用乳酸700mL。投料时加入1安瓿（20～25mL）的酵母（细胞数为300亿个）。制造时间（包括5～7d的保存期）为12～16d。酵母数为2×10^8个/mL以上，7℃以下低温保存后的酵母死亡率小于8%～10%。

清酒酒母除山废酒母（制造时间25～30d）、速酿酒母（12～16d）外，还有高温糖化酒母（7～10d）、中温短期速酿酒母（7～9d）、稀薄酒母（7～9d）、超速酿酒母（1～2d）、压榨酒母、活性酒母、固态酒母等多种发酵剂。

五、清酒酿造

清酒醪具有高浓度配料、开放式、低温长时间、糖化与发酵同时进行的特点，醪的最终酒精含量高达22%左右。

1. 工艺流程

清酒酿造工艺如图8-8所示。

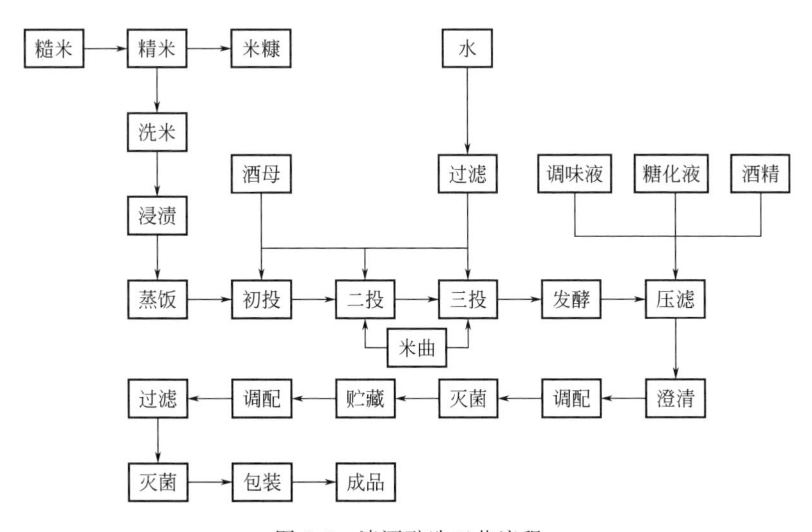

图8-8　清酒酿造工艺流程

2. 原料配比

日本清酒典型的投料方式为 3 次投料加第 4 次补料，如表 8-3 所示。

表 8-3 标准型投料配比

投料品种	酒母	初投	二投	三投	四段	共计
总米/kg	140	280	530	890	160	2000
醪用米/kg	95	200	405	715	160	1575
曲米/kg	45	80	125	175	—	425
水/L	155	250	635	1260	160	2460

3. 投料操作

(1) 初投　在投料前 1～3h 按规定量将酒母、曲和水配成水曲，水曲温度以 7～9℃为标准。加米饭后将物料搅拌均匀，品温为 12～14℃。如果饭粒较硬，则投料温度与水曲温度要大些，以促进饭粒的溶解。投料后 11～12h，为使上浮的物料与液体混合均匀，应稍加搅拌。

初投后次日醪温保持 11～12℃。初投后约 30h 出现少量气泡，波美计测定为 10°Bé 左右，酸度应在 0.12%以上，温暖地区酸度约达到 0.30%，酸度不足应补酸。

(2) 二投　当醪液酸度为 0.16%左右时，已具备安全发酵的条件，这时应进行第 2 次投料。水曲温度同初投，投料后品温为 9～10℃，除特别寒冷的地区外，不必保温。同初投一样适时作粗略搅拌。

(3) 三投　投料温度以三投为最低，投料后品温为 7～8℃。若室温、饭温高于水曲温度，应将水曲温度降低。如果投料后温度高，发酵就会急而短（10～14d）；反之，如温度过低，3d 后仍不能起泡，则易污染有害菌。三投后 12～20h，物料上浮，应粗略搅拌，若浓度过高应追加适量水。

六、发酵过程管理

1. 发酵期分类

发酵现象是发酵管理的依据和指标，按发酵过程泡沫情况分为以下几类。

(1) 小泡初　三投后 2～3d，出现稀疏小泡，表明酵母菌已开始增殖和发酵。

(2) 小泡中　三投后 3～4d，出现肥皂泡似的薄膜状白水泡，说明发

酵产生 CO_2，但发酵还较微弱。醪液略有甜味，糖分达最高值，酸度为0.05%左右。如此时醪液翻腾则属发酵过急。

（3）岩泡期　岩泡品温急速上升，CO_2 大量产生，醪液黏稠度增加，泡沫如岩面状，岩泡期为1～2d。

（4）高泡期　高泡品温继续上升，泡沫呈黄色，形成无凹凸的高泡期，高泡期为5～7d。醪液具有清爽的果实样芳香和轻微的苦味，使泡中的酵母溶入醪液。

（5）落泡期　高泡后期泡大而轻，搅拌时有落泡声。这时醪液酒精含量为12%～13%，是酒精生成最快、辣味激增的阶段。一般酒精含量在15%以上而酵母发酵力弱时，可加少量水稀释醪液以促进发酵。如果泡黏、发酵速度慢，可提前加水，加水量为3%～5%，落泡期为2～3d。

（6）玉泡期　从落泡进入玉状泡而逐渐变小，最终泡呈白色；这时醪已具有独特的芳香，酒体已较成熟。

（7）厚盖期　玉泡后酒醪表面呈平地状或扁平状，因酵母菌种类、物料组成及发酵条件的不同，分为无泡、皱折状泡层、饭盖、厚盖等几种。膨软多湿曲和过软饭粒在较高温的发酵过程中溶解过度而浮起成饭盖。厚盖是由野生酵母表面附着纤维浮至表面造成的。

2. 清酒醪的发酵

品温不宜超过18℃，在此以内，温度对糖化和发酵的影响程度基本相同，即能保持两者平衡。三投10d后达15～16℃为标准。若醪的最高温度较高，则发酵持续时间短，反之，则时间长。酒醪品温受酵母菌及酒母种类、水、曲、原料配比、投料温度等多种因素的支配，进而影响成品酒质量。

若采用三投法，通过调节发酵温度来达到预定的日本酒度和酒质，管理操作较难，往往发酵期参差不齐，同样的发酵期其酒精含量和出糟率相差较多。因此，日本普遍在玉泡（三投后约20d）后，酒精添加前1～2d，采用补料方式（称四段法）酿制日本酒度在0°～4°的辣口酒及0°～10°的甜口酒。四段法所用的物料类型较多，有米饭的酶糖化液、米饭的米曲糖化液、米糠糖化液，有直接投入米饭、吟酿酒糟或成熟酒母。四段法在调整酒醪成分的同时，增加了酒醪的糖分及浓醇味。

3. 酒精度

测定日本清酒酒度所用的密度计为日本酒度计，又称清酒计。此种酒度计的刻度是将波美密度计上的度数扩大10倍，即0°Bé为日本酒度0°，再把 1°Bé 十等分，每等分就是日本酒度 1°。比 0°重时，标记为“－”，比 0 轻时，标记为“＋”。酒液中浸出物越多（相对密度越大），负值越大。反之，若酒液中酒精含量越高，浸出物越少（相对密度越小），则正值越大。测定时的温度规定为 15℃。

七、酒精添加与增酿法

日本在 1945 年原料不足的情况下，推行酒精添加法，后来酒精使用量逐渐减少，之后随米价上扬，仍有继续增加酒精用量的趋势。为了控制清酒中酒精添加量，日本规定在全年清酒产量中，平均每 1t 原料白米限用 100％的酒精 280L（通常为安全起见，以酒精含量 30％保存、使用），其中增酿酒的原料用米为总用米的 23％以下，每 1t 白米的增酿酒用 100％的酒精 720L。以某厂的 100t 白米原料为例：

① 允许使用酒精总量 280×100＝28000L

② 增酿酒使用酒精量 720×23＝16560L

③ 普通酒使用酒精量 28000－16560＝11440L

设增酿酒用米为 23t，则普通酒用米为 77t，每 1t 原料白米酿成的普通酒允许的酒精添加量为 148.6L（11440÷77＝148.6L）。一吨白米增酿酒原液为 2200L，用酒精含量为 30％的酒精调味液 2400L，多在落泡后数日，酒醪快要成熟时添加。因增酿酒添加酒精量大，使白米的清酒产量骤增，所以不能单用酒精，而需配成加有糖、有机酸、氨基酸盐等成分的酒精调味液。

八、成品处理

1. 压滤

清酒醪压滤工艺有水压机袋滤和自动压滤机两种操作法。压榨所得的酒液含有纤维素、淀粉、不溶性蛋白质及酵母菌等物质，需在低温下静置 10d 进行澄清，静置澄清后的上清液入过滤机过滤。一般用板框压滤机作第 1 次过滤，卡盘型或薄膜型过滤器进行第 2 次过滤，这类过滤机通常为除去助滤剂及细菌的精密过滤器或超滤器。大部分 1 次过滤机用滤布或滤纸作滤材，2 次过滤的滤材最好用各种过滤膜，其滤膜孔径为 0.6～1pm。

2. 灭菌

灭菌装置有蛇管式、套管式及多管式热交换器，较复杂的为金属薄板式热交换器。灭菌温度为62～64℃，灭菌后的清酒进入贮罐的温度为61～62℃。为防止贮存中清酒过熟，灭完菌的酒应及时冷却。

3. 贮存

清酒的贮存期通常为半年至一年，经过一个夏季，酒味圆润者为好酒。影响贮存质量的主要因素为温度，温度提高10℃左右，清酒的着色速度将提高3～5倍。有的厂用30～35℃加温法促使生酒老熟，但成熟后的清酒色、香、味不协调，而采用低温贮存的成熟清酒较柔和可口。

4. 成品酒

清酒出库前，应进行最终成分的调整。添加沉淀剂除去清酒中的白浊成分，补酸、加水和用极辣或极甜的酒进行酒体调整，最后用活性炭或超滤器作最终过滤。滤过酒进入热交换器，加热至62～63℃后灌瓶、装箱。

参考文献

[1] 顾国贤．酿造酒工艺学：第2版［M］．北京:中国轻工业出版社，2006.

[2] 徐洪顺．黄酒生产技术革新［M］．北京:中国轻工业出版社，1961.

[3] 温鹏飞，陈忠军．葡萄酒工艺学［M］．北京:中国农业出版社，2011.

[4] 莫新良，胡普信．黄酒化学［M］．北京:中国轻工业出版社，2015.

[5] 胡普信．黄酒工艺技术［M］．北京:中国轻工业出版社，2014.

[6] 孙剑秋．黄酒酿造学［M］．北京:科学出版社，2019.

[7] 胡文浪．黄酒工艺学［M］．北京:中国轻工业出版社，1998.

[8] 谢广发．黄酒酿造技术：第3版［M］．北京:中国轻工业出版社，2020.

[9] 杨国军．绍兴黄酒酿制技艺［M］．杭州:浙江摄影出版社，2009.

[10] 周家骐．黄酒生产工艺［M］．北京:中国轻工业出版社，1996.

[11] 何付娟，林秀芳，童忠东．黄酒生产工艺与技术［M］．北京:化学工业出版社，2015.

[12] 赵光鳌．黄酒工业手册［M］．北京:中国轻工业出版社，2020.

[13] 毛照显．中国黄酒［M］．上海:上海辞书出版社，2006.

[14] 潘丽梨，潘静怡．黄酒花雕工艺［M］．杭州:浙江工商大学出版社，2020.

[15] 徐洪顺，周嘉华，刘长贵．黄酒酿造［M］．哈尔滨：黑龙江轻工业研究所，1987.

[16] 彭昌亚．黄酒洁净技术及新型黄酒研制［D］．无锡:江南大学，2002.

[17] 马忠．中国绍兴黄酒［M］．北京:中国财经出版社，1999.

[18] 范剑雄．黄酒生产基本知识［M］．北京:中国轻工业出版社，1966.

[19] 傅金泉．黄酒生产技术［M］．北京:化学工业出版社，2005.

[20] 王梅．黄酒新酿造法的研究［D］．无锡:江南大学，2001.

[21] 金昌海．食品发酵与酿造［M］．北京:中国轻工业出版社，2018.